国家自然科学基金、内蒙古自然科学基金联合资助项目

呼和浩特市
水资源优化配置研究

HUHEHAOTESHI SHUIZIYUAN YOUHUA PEIZHI YANJIU

◎赵 明 周瑞平/著

中央民族大学出版社
China Minzu University Press

图书在版编目（CIP）数据

呼和浩特市水资源优化配置研究/赵明，周瑞平著. —北京：中央民族大学出版社，2014.9
ISBN 978 - 7 - 5660 - 0812 - 1

Ⅰ．①呼…　Ⅱ．①赵…②周…　Ⅲ．①水资源管理—资源配置—优化配置—研究—呼和浩特市　Ⅳ．①TV213.4

中国版本图书馆 CIP 数据核字（2014）第 214059 号

呼和浩特市水资源优化配置研究

著　　者	赵明　周瑞平
责任编辑	云　峰
封面设计	布拉格
出 版 者	中央民族大学出版社
	北京市海淀区中关村南大街27号　邮编：100081
	电话：68472815（发行部）传真：68932751（发行部）
	68932218（总编室）　　68932447（办公室）
发 行 者	全国各地新华书店
印 刷 厂	北京春飞无限彩色印刷技术有限公司
开　　本	787×1092（毫米）　1/16　印张：12.75
字　　数	195 千字
版　　次	2014年9月第1版　2014年9月第1次印刷
书　　号	ISBN 978 - 7 - 5660 - 0812 - 1
定　　价	32.00 元

版权所有　翻印必究

前　　言

　　水是人类生存和社会经济发展的生命线。水资源是有限的无可替代的宝贵的基础性自然资源和战略性经济资源，是一个国家或地区综合实力与发展后劲的重要体现指标。随着人口的增长、经济的发展和人民生活水平的提高，中国面临着严重的水资源短缺问题，尤其是中西部干旱半干旱地区。我国淡水资源总量占全球水资源的6%，但人均占有量仅为世界平均水平的1/4、美国的1/5，在世界上名列第121位，是全球13个人均水资源最贫乏的国家之一。在开源受到限制的情况下，如何通过节流来缓解水资源短缺，保障中西部各行业可持续发展，已经是一个迫在眉睫的问题。解决水资源短缺问题的根本出路在于协调好水资源与社会经济发展的关系，即在保证社会发展和经济稳步增长的同时，研究合理的生产力布局、人口规模和产业结构布局，优化配置水资源，并处理好短期利益与长远利益、区域发展与总体发展的关系。那么如何在保证社会发展、经济稳步增长的同时，实现水资源的可持续利用？带着这样的问题，我们对处在半干旱地区的内蒙古首府呼和浩特市水资源优化配置问题进行了深入研究，并提出了提高呼和浩特市水资源配置效率的举措。

　　呼和浩特市地处我国北方干旱半干旱地区，降雨的时空分布极不均匀，地表水资源贫乏，人均水资源占有量只有全国的1/6，是北方严重缺水城市之一。随着呼和浩特市社会经济的发展和人民生活水平的提高，城市用水量迅速增长，水资源的供需矛盾十分严重，水资源地区间分配、行业间分配不均，水资源利用中农业灌溉用水比重较大，约占70%。因此，根据呼和浩特市水资源利用中存在的这些问题，研究呼和浩特市水资源的合理优化配置与可持续利用是必要的。

　　本书第一章主要阐述研究背景、目的和意义，对国内外区域水资源基本理论、水安全、水资源承载力以及水资源优化配置的研究情况进行了综述。概括了西方区域水资源研究的发展阶段及其主要观点，总结了国外水资源配置的基本研究成果。同时，回顾和评析了我国水安全、水资源承载力、水资源优化配置相关概念、研究历史、分析方法、研究的用途、成果及存在的问题，为研究提供基础理论和方法支持。

第二章对研究区的自然和社会经济状况进行了深入地分析研究。

第三章着重对研究区的水资源现状、特点、性质等作了客观深入的分析，论述了区域经济发展与水资源的关系，分析了水资源对区域经济发展的影响作用和水资源短缺对区域经济发展的制约作用，并指出当前呼和浩特市经济发展中水环境和水资源面临的主要问题。

第四章对呼和浩特市水资源供需平衡进行了预测。在分析呼和浩特市水资源开发利用现状的基础上；运用系统动力学原理建立呼和浩特市水资源供需平衡模型，对呼和浩特市水资源系统分别建立了包括人口、经济、畜牧业、耕地和水资源在内的六个子系统进行因果关系分析；建立系统动力学方程式预测2020年呼和浩特市水资源在高、中、低不同方案下的供需状况，并进行水资源供需平衡分析。

第五章对呼和浩特市水资源安全与经济社会可持续发展进行了分析和研究。从定性与定量的角度，对其水安全状况进行评价。在分析现状年呼和浩特市水资源供需状况、水安全情势及产生原因的基础上，构建呼和浩特市水安全评价指标体系。参考国际会议上提出的水安全的内容，结合呼和浩特市实际，利用层次分析法（AHP）构建指标体系，并计算各指标权重，应用多层次多目标模糊优选模型对呼和浩特市六个单元（六个旗县区）的水安全状况做出定量评价，比较不同区域的水安全形势，并对评价结果进行分析。

第六章通过对呼和浩特市水文特征的分析，运用模糊评价法对呼和浩特市地表水和地下水环境质量进行了综合评价，即依据呼和浩特市地表水的7个监测断面在丰、平、枯水期及平均情况下的监测数据，选择影响呼和浩特市地表水环境质量的12个评价指标，建立各指标对各级标准的隶属度函数，形成隶属度矩阵，对呼和浩特市水环境质量进行不同时期的水质模糊评价。结果显示：呼和浩特市地表水水资源存在着较为严重的污染，在平均情况下，所选取的7个监测断面的水质等级均为V类；在丰水期水质等级为I类，在平水期水质等级均为V类，在枯水期水质等级几乎为V类。同时在分析呼和浩特市水文地质环境的基础上，运用模糊评价法对1999年和2005年水环境质量进行了综合评价，对比评价结果表明，十年间水环境质量发生了明显的下降。

第七章对呼和浩特市水资源承载力进行了分析和研究。从呼和浩特市水资源的现状及存在的问题出发，利用呼和浩特市 1995 年到 2005 年 11 年的水资源数据，运用系统动力学方法，构建呼和浩特市水资源因果关系图构造出由六个模块组成的呼和浩特市水资源承载力系统动力学模型，改变其参数，设计出四个方案，对呼和浩特市未来用水进行了预测，得出呼和浩特市未来 20 年的水资源承载力及用水量。

第八章对呼和浩特市水资源优化配置作了研究。以全面、协调、可持续的发展观，从资源、环境、人口与发展之间的关系入手，在目前呼和浩特市水资源利用状况的基础上，提出水资源优化配置方案，并针对目前水资源配置中存在的问题，提出相应的优化措施。

本书编写分工：第一章"绪论"，由赵明、周瑞平编写；第二章"研究区概况"，由赵明、王永霞、周瑞平编写；第三章"水资源开发利用现状及特征"，由周瑞平编写；第四章"水资源供需平衡预测"，由周瑞平、王永霞编写；第五章"水安全与经济社会可持续发展研究"，由赵明、李瑞英、周瑞平编写；第六章"水环境质量的模糊综合评价"，由周瑞平编写；第七章"水资源承载力分析"，由赵明、胡学媛和周瑞平编写；第八章"水资源优化配置"，由赵明、周瑞平编写。统稿由赵明、周瑞平完成，校对由吴艳茹、周瑞平完成。

本书是在"呼和浩特市水资源承载力及优化配置"课题前期研究的基础上，经过加工和完善形成的，根据国内外最新研究成果，经过资料收集与整理、集体讨论与研究、专家咨询等工作，最终形成此成果。所以说，该书是课题组集体智慧和辛勤劳动的结晶。

本书的写作和出版过程中，许多领导、专家和学者为此书的出版提出了建设性的意见和建议，付出了辛勤劳动，在此一并表示感谢。

本书试图在水安全、水资源承载力、水资源优化配置等方面有所突破和创新，但由于编著者能力有限，有些提法很不成熟，书中的疏漏和值得商榷之处在所难免，期盼读者不吝赐教。

编者

2013 年 12 月

目 录

第一章 绪论 ………………………………………………………（1）
 第一节 研究背景 …………………………………………………（1）
 第二节 国内外研究进展 …………………………………………（3）
  一、国外研究进展 ………………………………………………（4）
  二、国内研究进展 ………………………………………………（8）
 第三节 相关概念的界定 …………………………………………（14）
  一、水资源承载力概念界定 ……………………………………（14）
  二、水资源优化配置概念界定 …………………………………（18）
 第四节 水资源优化配置的理论、方法与发展趋势 ……………（20）
  一、水资源优化配置的理论 ……………………………………（20）
  二、水资源优化配置的方法 ……………………………………（23）
  三、水资源优化配置研究发展趋势 ……………………………（26）

第二章 研究区概况 ………………………………………………（28）
 第一节 研究区范围 ………………………………………………（28）
 第二节 自然地理环境 ……………………………………………（29）
  一、地形地貌 ……………………………………………………（29）
  二、气候 …………………………………………………………（30）
  三、水文地质 ……………………………………………………（32）
  四、土壤植被 ……………………………………………………（33）
 第三节 社会经济环境 ……………………………………………（35）

第三章 水资源开发利用现状及特征 ……………………………（38）
 第一节 水资源开发利用现状 ……………………………………（38）
 第二节 水资源特征评价 …………………………………………（40）
  一、水资源总量贫乏，人均地均不足 …………………………（40）

1

二、水资源年际和年内变化较大 …………………………………… (41)
　　三、水文地质条件优越 ……………………………………………… (41)
　第三节　水资源开发利用中存在的问题 ………………………………… (42)
　　一、水资源逐年减少，供需矛盾日益突出 ………………………… (42)
　　二、地下水过度超采，水位持续下降 ……………………………… (42)
　　三、用水效率低，浪费严重 ………………………………………… (43)
　　四、水污染加剧，水环境日益恶化 ………………………………… (43)
　第四节　水资源供需现状 ………………………………………………… (44)
　　一、供水现状 ………………………………………………………… (44)
　　二、用水量现状 ……………………………………………………… (44)

第四章　水资源供需平衡预测 ………………………………………………… (46)
　第一节　水资源供需评价的基本原则 …………………………………… (46)
　　一、供需综合评价的原则 …………………………………………… (47)
　　二、协调发展的原则 ………………………………………………… (48)
　　三、效益与环境统一的原则 ………………………………………… (48)
　　四、量化及可对比的原则 …………………………………………… (48)
　　五、层次分析的原则 ………………………………………………… (48)
　第二节　公式法供需平衡预测 …………………………………………… (49)
　　一、供水预测 ………………………………………………………… (49)
　　二、需水预测 ………………………………………………………… (49)
　　三、供需平衡分析 …………………………………………………… (51)
　第三节　系统动力学模型供需平衡预测 ………………………………… (51)
　　一、建立SD模型的目的和边界 …………………………………… (52)
　　二、呼和浩特市水资源子系统分析 ………………………………… (53)
　　三、因果关系分析和因果关系图 …………………………………… (55)
　　四、SD模型流程图与方程的建立 ………………………………… (57)
　　五、水资源仿真方案的设定及仿真结果分析 ……………………… (59)

第五章 水安全与经济社会可持续发展研究 (65)
第一节 水安全情势 (66)
一、水安全的主要问题 (67)
二、水安全问题产生的原因 (69)
第二节 研究内容、方法与技术路线 (72)
一、研究内容 (72)
二、资料来源 (72)
三、技术路线 (73)
第三节 呼和浩特市水安全评价指标体系的构建 (73)
一、指标选取的原则 (73)
二、指标体系的构建 (74)
第四节 呼和浩特市水安全状况的评价 (76)
一、计算评价指标权重 (76)
二、计算评价指标决策优属度 (82)
三、水安全评价结果分析 (88)
四、呼和浩特市水供需平衡预测 (96)

第六章 水环境质量的模糊综合评价 (99)
第一节 地表水水环境评价 (100)
一、水文地质特征 (100)
二、模糊综合评价模型建立与应用 (101)
三、结果分析 (128)
第二节 地下水环境质量评价 (132)
一、地下水环境特征 (133)
二、评价方法选择 (133)
三、评价模型的建立 (134)

第七章 水资源承载力分析 (137)
第一节 研究内容、方法与技术路线 (137)
一、研究内容 (137)
二、研究方法与技术路线 (137)
第二节 水资源承载力系统动力学模型的构建 (139)

  一、呼和浩特市水资源承载力系统 ······················ (139)
  二、模型流程图与方程的建立 ························ (142)
  三、1995—2005年模型模拟 ·························· (145)
 第三节　仿真预测结果分析 ···························· (146)
  一、设计的四种方案及结果 ·························· (147)
  二、各方案中的重要指标分析 ························ (150)

第八章　水资源优化配置 ································ (153)
 第一节　水资源配置现状 ······························ (153)
 第二节　水资源配置预测 ······························ (154)
 第三节　水资源优化配置对策 ·························· (155)
  一、全面推行节约用水，建立节水型社会 ·············· (156)
  二、提高水资源重复利用率，促进内部挖潜 ············ (158)
  三、大力改造兴建水利设施，加大区域水利基础设施建设 ··· (159)
  四、加强水资源保护意识，防止水环境进一步恶化 ······ (160)
  五、合理开发水资源，维持采补平衡 ·················· (161)
  六、加快产业结构调整，合理配置水资源 ·············· (163)
  七、增加资金投入，实施科教兴水战略 ················ (164)
  八、加强法治建设，依法推进流域管理与水行政区域
    管理相结合 ···································· (164)
  九、从长远和全局利益出发，加强水资源规划和管理 ···· (165)
  十、完善和创新水资源配置的理论 ···················· (167)
  十一、其他措施 ···································· (168)

节水防污附图 ······································ (169)

参考文献 ·· (182)

后记 ·· (191)

第一章　绪　论

第一节　研究背景

水是一种特殊的资源，支撑着所有的生命，它既是基础性资源又是战略性资源，也是整个国民经济的命脉。人类的一切活动均建立在水资源的开发与利用上。水资源配置与人类社会的协调发展密不可分。水的多功能性和不可替代性使之成为支撑社会经济发展的基本要素。随着社会经济的发展，出现了土地荒漠化、水污染等种种生态环境问题。而"水多、水少、水脏、水浑和水生态失衡"等问题已经危及人民生命财产安全、恶化了生态环境、威胁着社会稳定、制约了经济发展。

水资源是基础性自然资源，也是生态环境建设的主要因素，同时又是战略性经济资源，是综合国力的有机组成部分。联合国《世界水资源综合评估报告》指出：水问题将严重制约 21 世纪全球经济与社会发展，并可能导致国家间的冲突。探讨 21 世纪水资源的国家战略及其相关科学问题，是各国政府的重要议题之一。特别是近年来，世界范围内水资源状况不断恶化，致使水资源供求矛盾日益突出，甚至成为危及国际和平与发展的导火索，也成为地区和流域内影响生态系统良性发展的重要问题。因此，如何有效地对水资源进行合理利用、保护及管理，成为世界水资源研究的重要课题。

随着我国水资源问题的日益突出，有关水资源配置研究的领域也在不断拓展，如为实现水资源的优化配置，在水资源承载能力和水价、水权、水市场以及水资源实时监控管理、水务一体化管理等方面的研究。西北是我国最干旱的地区，是水资源贫乏地区，生态环境极其脆弱，其原因就是长期以来只顾开发不顾保护利用。所以开发大西部，要着眼于可持续发展来研究解决西部水资源的配置问题。西部水资源配置的总要求为：在保证生态环境建设必要用水和社会经济发展合理用水的同时，还要保持水资源的可持续利用。所以研究呼和浩特市水资源优化配置及生态环境建设是很有必要的。

西北干旱、半干旱区，水资源短缺，生态环境脆弱，水资源是制约当地社会经济发展和生态环境改善的主要因素。呼和浩特市地处我国北方内陆干旱半干旱地区，土默特平原的东北部，属黄河流域大黑河水系。水资源总量为33997.2万立方米，人均占有水资源量只有450立方米，是全国人均占有量的1/6，为全国严重缺水城市之一。近10年来，随着呼和浩特市经济社会的发展，水资源开发利用规模不断扩大，引起了一系列的生态环境问题：如区域地下水位下降、森林植被退化、土地荒漠化、沙尘暴等。由此，人们逐渐认识到水资源开发利用过程中应考虑生态环境的问题。随着国家实施西部大开发战略，将进一步促进西部经济的发展。同时，长期困扰西北干旱区生态和经济发展的水资源短缺问题已成为人们关注的焦点。随着经济不断发展、人口不断增加，未来供需水量是否仍可达到平衡？不平衡时采取什么措施解决？这些问题亟待解决。如果水资源供应不足，必将导致经济发展受阻，严重时甚至影响社会安定。

呼和浩特市地处我国北方干旱半干旱地区，属于我国西北地区。土地总面积为1.72万平方公里，建成区面积为176平方公里，2013年，呼和浩特市实现地区生产总值2710.40亿元，比上年增长了10%，其中第一产业产值为134.72亿元、第二产业产值为866.74亿元、第三产业产值为1708.93亿元。人均生产总值已达92312.76元，比上年增长了11%。在1996—2013年期间，国内生产总值和人均生产总值均持续上升。呼和浩特市总人口为300.11万人，其中城市人口为198.79万人，乡村人口为101.32万人。农民人均收入已达12736元。现状年（2013年）工业总产值为1435.70亿元，比上年增长了15.30%。连续几年增速在27个省会（首府）城市居于首位，是内蒙古省域经济发展最活跃的地区之一。然而，由于其所处的地理位置和气候条件，特别是降雨在时空上的严重不均匀，致使水旱灾害发生频繁，尤其是近几年，水资源供需矛盾进一步加剧，沙尘暴频发，生态环境恶化，给国民经济各部门，特别是对农牧业生产和人民生活水平带来很大的影响，甚至造成重大损失。同时随着社会经济的不断发展，区域人口急剧膨胀，工农业迅速崛起，造成区内地表水资源利用不足，地下水资源长期超采，加之生活污水和工业废水的低处理水平和任意排放以及上游补给区生态环境的恶化，水环境污染日趋加重，水资源可利用量逐年减少，水资源的开源与节流、供给与需求、短缺与浪费、用水和防污的矛盾日益加剧，水资源短缺已经成为下一步经济发展和社会进步的严重障碍。为了缓解水资源供需矛盾，政府在抓好节水工作的同时，兴建"引黄入呼"供水工程。但从长远分析，即使"引黄入呼"两期工程全部投产，人均拥有水量仍不足500立方米。所以解决呼和浩特市缺水的根本问题在于用好黄河水的基础上必须立足本地水资源来发展。因此，查明呼和浩特市水资源开发利用现状，找出水资源开发和管理等方面存在的问题，提出解决城市水资源紧缺的基本思路和措施，对于合理开发利用、科学配置水资源，提高水资源承载力及利用率，保障水资源永续利用和城市社会经济可持续发展有重要意义。

第二节 国内外研究进展

全世界人均水资源拥有量为7342立方米，但由于世界水资源的分配，在时间和空间上很不平衡，所以很多国家和地区都缺水。世界上65%的水资源集中在10个国家里，而人口占世界40%的80个国家严重缺水。据估计全球用水量每年大致以5%的速度增加。世界人口在20世纪增加了两倍，而人类的用水量却增加了5倍。

由于水资源的稳定性和需求的不断增长，使水具有了越来越重要的战略地位。国外一些专家指出，在21世纪，水对人类的重要性将像20世纪石油对人类的重要性一样，成为一种决定国家富裕程度的珍贵商品。一些世界著名的科学家提醒人们：一个国家如何对待它的水资源将决定这个国家是继续发展还是衰落。那些将治理水系作为急迫任务的国家将占有竞争优势。

许多发达国家从20世纪60年代起就开始重视对国民经济各部门未来用水量的预测。1977年联合国世界水会议在阿根廷马德普拉塔召开，号召各国要进行一次专门的国家级水资源评价活动。1987年联合国世界环境与发展委员会出版了《我们共同的未来》，它使水资源研究开始围绕着面向未来的可持续发展这一中心问题蓬勃展开，从而推动了需水量预测研究的深入进行；1992年1月在爱尔兰都柏林召开的国际水与环境会议上，通过了都柏林声明和会议报告；1992年6月在巴西里约热内卢召开的联合国环境与发展会议上通过了《21世纪议程》，其中第十八章是"保护淡水资源质量的供应、水资源开发、管理和利用的综合性办法"。在都柏林会议报告中提到解决城市和工业用水的供需矛盾时应当遵循几项关键性原则，即：

（1）水应当作为商品对待。水的价格和水所具有的可利用价值相一致。

（2）必须要有相应机构来管理水资源。

（3）在采取行动解决水供需问题时，应适当重视对污水的管理（减少、再利用、再循环、汇集并进行处理或处置）。

在联合国环境与发展大会上通过的《21世纪议程》，许多人习惯称这份文件为《地球宣言》，文中对水资源配置问题提出建议，其中一条为："合理配置水资源，包括注意城市发展与水资源的协调、满足居民用水基本要求。"

在人口不断增长的压力下，解决水资源供需矛盾的任务十分艰巨。有人估计到20世纪20年代初，世界上可能会有30×10^8人生活在缺水条件下。因此，切实地并及时地解决好各地的水供需矛盾，实属刻不容缓。

如何解决水资源供应问题，保持水资源供给和需求之间的相对平衡，世界各缺水国家和地区长期以来都做了大量的探索，概括起来，主要包括三个方面：一是采取积极的措施，通过区域调水解决地区之间水资源分布不均问题；二是通过科学管理维护水资源的供需平衡；三是开发和采用各种节水技术。

一、国外研究进展

西方许多国家自20世纪70年代末就开始对世界社会、经济、资源与环境的协调发展加以密切的关注。人们目前所面临的挑战是：在已经控制和利用水的同时，学会如何与水维持一种平衡，并在这一平衡下和谐地生存和发展。从国际水科学研究发展趋势看，水资源供需平衡分析是当今国际水科学前沿问题，是人类社会经济发展活动对水资源需求所面临的新的应用基础科学问题，而水资源供需平衡被破坏带来的用水基本需求得不到满足、生态用水被挤占、工农业城市发展水的需求矛盾，使得水资源供需平衡研究成为资源与环境科学研究的重要课题。

20世纪60年代以来，各国陆续开展了中长期供需水量的预测工作。联合国工作发展组织的研究结果认为，从目前工业发展的趋势来看，2025年工业用水量要比1995年增加一倍多，届时工业用水量将达到1.5×10^{12}立方米。

国外对水资源优化配置的研究源于20世纪40年代马斯（Masse）提出的水库优化调度问题。1950年美国总统水资源政策委员会的报告，是最早综述水资源开发、利用和保护问题的报告之一。这个报告的出台，推动了行政管理部门进一步开展水资源方面的调查研究工作。1960年科罗拉多几所大学对计划需水量进行估算，并对满足未来需水量的途径进行研讨，体现了水资源优化配置的思想。1961年，穆尔（Moore）提出了一定时间内最优水量分配问题。1972年，比勒斯（Buras）出版的《水资源科学分配》一书是由福特基金从20世纪60年代中期开始资助的"数学分析在水资源工程中的应用"项目的成果，系统进行了线性规划和动态规划在水资源配置中应用的研究，并提出水资源系统模拟的一些思路。1976年，罗杰斯（Rgers）在对印度南部Cauvery（考维利河）河进行规划时，以流域上游地区农作物总经济效益极大和灌溉面积极大为目标函数，建立了多目标优化模型对水资源进行配置。1977年，黑姆斯（Haimes）等将层次分析法（AHP）和大系统分解原理应用于水资源配置模型中，简化了流域水资源优化配置的方法，将流域大系统分解为若干相对独立的子系统，每个子系统应用优化技术分别求出优化解，然后通过全局变量把各子系统优化结果反馈给流域大系统优化模型，得到整个流域的优化解。经过70年代和80年代的发展，水资源分配的研究范围不断扩大，程度也进一步加深。1982年，荷兰学者罗米津（E-. Romijin）和托宁加（Mtaminga）考虑了水的多功能性和多种利益的关系，强调决策者和决策分析者之间的合作，建立了水资源量分配问题的多层次模型，体现了水资源配置问题的多目标和层次结构的特点。20世纪90年代以来，由于水污染和水危机的加剧，传统的以水量和经济效益最大为目标的水资源优化配置模式已不能满足需要，国外开始在水资源优化配置中注重水质约束、环境效益以及水资源可持续利用研究。国外首先兴起各种新型的优化算法，如遗传算法（GA）、模拟退火算法（SA）等，开始在水资源优化配置中运用，在理论和实践上又前进了一步。1992年，沃尔什（Walsh）对地理信息系统扩展到水资源领域进行了综合的讨论与分析，随后许多专家学者对如何连接地理信息系统与水资源配置模型进行了有益的尝试。进入21世纪之后，国外对水资源配置机制进行了研究，主要考虑了水资源产权界定、组织安排和经济机理对配置效益的影响，认为纯粹的市场或纯粹的政府都难以满足合理配置水资源的要求，制度和经济是医治市场和制度失灵的良方，有效的流域水资源管理政策和体制是解决配置中冲突的根本途径。

随着人们生活水平的提高，水环境污染日趋加重，水安全概念随之诞生。当今世界各国共同面临着水资源危机的挑战——全球1/5的人口得不到安全的饮用水，30亿人缺乏用水卫生设施，致使每年有300—400万人死于水致性疾病。如果水资源危机得不到有效解决，水资源短缺与水环境恶化将威胁人类的生存。为达成对全球水资源问题的共识，并把这种共识转化为行动，2000年3月17—22日在荷兰海牙召开了第二届世界水论坛及部长级会议（简称海牙会议），会议向全世界发出了"为21世纪提供用水安全"的呼吁。这是有史以来规模最大的世界水资源政策大会，共有来自135个国家和国际组织的4600余位代表参加，世界各国113名部长级以上官员参加了水论坛部长级会议，并一致通过了《21世纪水安全——海牙世界部长级会议宣言》。世界水论坛是由非政府组织世界水理事会举办的定期水资源政策讲坛。第一届世界水论坛于1997年在摩洛哥马拉喀什举办。本届论坛经过了两年的筹备，世界水理事会向大会提交了《世界水展望—使水成为每个人关注的事情》，非政府网络组织"全球水伙伴"向大会提交了《实现水安全：行动框架》。提交这次会议的两份文件《世界水展望》和《行动框架》，对自1977年马尔德拉普拉塔会议以来的一系列与水有关的国际会议制定的国际水资源政策进行了全面总结。主要政策有：（1）1977年马尔德拉普拉塔会议上倡导的马尔德拉普拉塔行动，开始了对全球淡水资源的全面评估。（2）1992年在里约热内卢环发大会通过的联合国《21世纪议程》第十八章《保护淡水资源的质量和供应：水资源开发、管理和利用的综合性方法》，提出了淡水资源的7个工作领域，即水资源综合开发与管理，水资源评价，水资源、水质和水生态系统保护，饮用水的供应与卫生，水与可持续的城市发展，可持续的粮食生产及农村发展用水，气候变化对水资源的影响。（3）1992年都柏林水与可持续发展会议通过的《都柏林宣言》形成了国际水资源政策框架，为实现水资源综合管理，《都柏林宣言》提出了消除贫困与疾病、防治自然灾害、水资源保护与再利用、可持续的城市发展、农业生产与农村用水、保护水生态环境、解决与水有关的纠纷、水资源综合管理的实施环境、知识基础、能力建设等10方面的行动。这套政策框架在以后的一系列与水有关的国际会议上得到完善和发展。

斯德哥尔摩国际水讨论会从1991年开始，每年一次，到2000年已经开了10次，随着近年来对水的重要性的认识不断提高，以及世界水资源危机日甚一日，它已成为世界上有关水资源开发利用和保护、管理的最有影响的论坛之一。2000年8月斯德哥尔摩第十次世界水论坛讨论会的主题是"21世纪的水安全"，提出要用创新的方法解决21世纪的水安全问题，并在此次会议上提出水安全的含义，包括：确保淡水、沿海和相关的生态系统得到保护和改善；确保可持续发展和政治稳定得到加强；确保每个人能够以可承受的开支获得足够安全的淡水来保持健康和丰富的生活；确保人们不受与水有关的灾难的侵袭。它与2000年3月"海牙部长级宣言"的标题是完全一致的，也可以说是对宣言提出的"常规模式不是我们的选择"的意见，进一步从理想到行动，对开创性方法的探讨。会议明确指出，水是社会、经济发展和提高生活质量的关键因素；要用水资源的可持续利用支持国民经济的可持续发展；水量不足和水污染制约着可持续发展。要用机能整体性方法管理水质。由土地向水体排放有毒物质最小化是水质管理的基本原则，要研究实行各种措施的主要障碍以及克服各种障碍的有效方法，并逐步实施。水土和生态系统必须统一管理。只有用创新和革命的方法才能求得"21世纪水安全"。为实现用水安全，我们面临着如下的主要挑战：（1）满足基本需要：承认获得安全和充足的水以及卫生环境是人类的基本需要，对人类的健康和福祉关系重大。（2）保证食物供应：通过更加有效的开源和使用以及更平等的粮食生产用水分配来确保食品供应，尤其是对贫穷和易受影响人群的供应。（3）保护生态系统：通过对水资源的可持续性管理保证生态系统的完整性。（4）共享水资源：促进和平合作，发展各级不同的水用户之间的协调；对于同流域或跨流域的项目应通过可持续性流域管理或其他适当的方式开展国与国之间的合作。（5）控制灾害：提高抗洪、抗旱、治理污染和其他防治与水相关的灾害的安全性。（6）赋予水以价值：以能够反映其经济、社会、环境和文化价值的方法管理水资源，并转向为供水服务定价以反映这些服务的价值。（7）合理管理水资源：使用好的治理方式以保证水资源的管理有公众参与并且投资者享有利益。可见水安全问题引起了国内外专家学者、各国政府和国际组织的广泛而强烈的关注，他们在国际会议上探讨水安全问题，专门召开会议研究水安全的解决方法，且制定了自己国家水资源安全的战略目标。这些活动和观念引导了世界各国对水安全的广泛和持续研究，这些会议上形成的很多文献成为水安全研究的指导性文件；同时世界各国政府对水安全相关研究的资助为水安全研究提供了很好地与实践结合的机会，从物质上和制度上直接推动水安全研究的广泛开展，使水安全研究不断走向深入。例如：布朗（Brown）和哈尔威尔（Halweil）认为水资源短缺将直接影响到食物或粮食安全；罗斯格兰特（Rosegrant）和迪克（Dick）注意到了曼谷、雅加达等地的水安全问题引起的用水卫生和生态环境问题，提出了采用新技术和利用市场机制保障水安全的办法等。

二、国内研究进展

在我国，随着人口增加和经济社会发展，水资源问题更加突出。长期以来，由于水资源的开发、利用、治理、配置、节约和保护不能统筹安排，不仅造成水资源的巨大浪费，破坏了生态环境，而且加剧了水资源的供需矛盾。

我国水资源供需平衡研究起步较晚，但发展很快。始于20世纪50年代末的西北。1959年完成了"新疆水土平衡"，1960年又有"甘肃河西地区农田用水供需平衡的初步研究"问世。这些研究的特点：一是以用水资源量作为供水水量；二是只考虑当时用水量占90%以上的农田用水作为需水量；三是应当地政府部门的要求，提出适宜开垦的地区和区域。20世纪60年代，开始了以水库优化调度为先导的水资源分配工作。80年代初，由华士乾教授为首的研究小组对北京地区水资源利用系统工程方法进行了研究，并在国家"七五"攻关项目中加以提高和应用。该项研究考虑了水量的区域分配、水资源利用效率、水资源开发利用对国民经济发展的作用，成为水资源系统中水量合理分配的雏形。

20世纪80年代后期，开始水资源合理配置与承载能力研究，并取得初步成果。尤其是我国西部地区进行了大量的水资源供需分析与合理配置研究，并取得了初步成效。在全国进行水资源评价的基础上，1980年根据实际资料，对全国流域按河段进行了水资源供需平衡的计算。1980年前后，在中国农业区域划分工作的带动下，开展了水资源调查评价和水资源利用评价工作，吸收国外经验，把水文评价与水的利用和供需展望结合进行，于1986年分别提出了全国、各流域（片）和各省、自治区、直辖市三个层次的研究报告，进行了需水量预测研究（至2000年）。

20世纪90年代以后，人们在系统地总结了以往成果的基础上，将水资源利用与生态环境协调发展相结合，至此生态环境用水引起了人们的重视。中国科学院水问题联合中心从1992年下半年开始组织完成了"中国水资源开发利用在国土整治中的地位与作用"这一重大课题，并参加编制了《中国21世纪议程》，从如何解决我国水资源持续利用出发，开始了新一轮需水量预测研究。

1993年水利部编写的《江河流域规划环境影响评价》（SL-92）行业标准中，将生态环境用水正式作为环境脆弱地区水资源规划中必须予以保证的用水类型。高吉喜在"可持续发展理论探索"一文中以可持续发展为指导思想，系统地分析了生态系统承载力的内涵与意义，初步建立了基于生态承载力的区域可持续发展理论。1999年根据1990年的实际资料，第一次对全国水资源供需平衡作了计算分析。这些计算所采用的原则是：供水方面，不仅考虑了水资源量，而且直接采用可供水量的计算结果；需水方面，主要是河道外用水，不仅考虑了农业用水（包括牧、林），也考虑了城市人口、工业用水、农村生活用水和牲畜用水；在选取保证率时，针对当时全国范围内以农业用水为主，特别是农田灌溉用水要占总用水量80%以上的情况，采用了$P=75\%$中偏重枯水年的标准。

据水利部门研究，2030年以前我国用水量的增长是不可避免的，2010年与2030年用水总量将分别达到全国水资源总量的25%和36%，已接近我国水资源开发利用的极限（35%—40%）。希望2030年以后用水量不再增长，而是依靠科技进步解决水问题。水利部门的一些专家认为，到2100年，我国用水量将达到国内水资源可利用量的极限，即受水资源条件制约的零增长状态。国内众多专家预测，中国未来需水总量在 8000×10^8 立方米左右，最高达 10000×10^8 立方米。

在《中国可持续发展水资源战略研究》中，水利专家采用人均预测方法和阶段趋势分析法预测了我国 2000—2050 年需水量，认为 2030 年以后东、中、西部地带将依次进入需水总量的"零增长"期，全国需水量于 2050 年达到峰值，国民经济总需水量为 8000×10^8 立方米，最小可能为 7000×10^8 立方米。

20 世纪 60 年代，开始了以水库优化调度为先导的水资源分配研究。经过几十年的研究取得了不少成果。80 年代初，由华士乾教授为首的研究小组对北京地区的水资源利用系统工程方法进行了研究，并在国家"七五"攻关项目中加以提高和应用。1984 年，郭元裕等在湖北江汉平原的四湖地区建立了除涝排水系统的规划模型，利用线性规划模型对全系统总除涝水量进行最优分配。1986 年张玉新、冯尚友在丹江口水库建立了多目标动态规划模型，针对水库的发电与供水进行了研究。1987 年茹屡绥等在石津地区建立了按时间和地域重叠分解的大系统模型，该数学模型运用了模拟技术和大系统分析两种方法。同年，程玉慧研究了河北省岗南黄壁庄水库与石津灌区的多目标最优化联合调度问题。20 世纪 80 年代后期，学术界开始提出水资源合理配置及承载能力的研究课题，并取得初步成果。1988 年，贺北方提出区域水资源优化配置问题，建立了大系统序列优化模型，采用大系统分解协调技术求解。以河南豫西地区为背景建立了区域可供水资源年优化分配的大系统逐级优化模型。该成果的特点是考虑了产业结构调整对水资源配置的影响。1989 年吴泽宁等以经济区社会经济效果最大为目标，建立了经济区水资源优化配置的大系统多目标模型及其二阶分解协调模型，并用层次分析法间接考虑水资源配置的生态环境效果。以三门峡市为例对模型和方法进行了验证，得到了不同水平年不同保证率情况下的水资源量优化分配方案。在国家科委和水利部的领导下，中国水利水电科学研究院陈志恺和王浩等在 1991—1993 年期间承担了联合国开发计划署的技术援助项目"华北水资源管理"，首次在我国开发出了华北宏观经济水资源优化配置模型。随后，国家科委和水利部又启动了"八五"国家重点科技攻关专题"华北地区宏观经济水资源规划理论与方法"，许新宜、王浩和甘泓等系统地建立了基于宏观经济的水资源优化配置理论技术体系，包括水资源优化配置的定义、内涵、决策机制和水资源配置多目标分析模型、宏观经济分析模型、模拟模型，以及多层次多目标群决策计算方法、决策支持系统等。1994年，蔡喜明等在基于宏观经济的区域水资源多目标集成系统中，将水资源系统纳入宏观经济系统，以经济、社会、生态环境等为目标，建立多目标分析系统模型和水资源规划专家决策支持系统；1995年，翁文斌等将宏观经济、系统方法与区域水资源优化规划实践相结合，形成了基于宏观经济的水资源优化配置理论，并在这一理论指导下，提出了区域水资源的多目标宏观决策分析方法，采用模拟优化技术建模，在优化目标中考虑了环境目标（BOD 排放量最小），实现了水资源配置与区域经济系统的有机结合，体现了水质水量统一配置的思想，也是水资源优化配置研究思路上的一个突破。但该模型也存在着 BOD 排放量最小作为水环境目标，不能保证水质（水环境）目标得到满足，未能充分体现水环境承载力思想的不足。1997年卢华友等以义乌市水资源系统为对象，建立大系统分解协调模型，提出了递阶模拟择优的方法。1998年甘泓、尹明万结合邯郸市水资源管理项目，率先在地市一级行政区域研究和应用了水资源配置动态模拟模型，并开发出界面友好的水资源配置决策支持系统。1999年尹明万和李令跃等结合大连市大沙河流域水资源实际情况，研制出第一个针对小流域规划的水资源配置优化与模拟耦合模型。同年向丽等利用系统理论与方法，以灌区经济效益最大或供水量之和最大为目标函数，以作物种植面积或各用水对象分配水量为决策变量，建立多水源联合优化调配模型。2000年吴险峰等探讨了北方缺水城市在水库、地下水、回用水、外调水等复杂水源下的优化供水模型，从社会、经济和生态环境综合效益考虑，建立了水资源优化配置模型；2000年由王劲峰等提出以时空运筹模型为核心的决策判断过程透明和分层交互透明的决策系统，该系统包括三大相互关联的模块：区域社会经济发展目标模块、水资源供给模块、总量时空优化模块，使用此决策系统可以获得研究区社会经济发展与水资源协调的方案。2001年钱正英、沈国舫、潘家铮等以"西北地区水资源配置、生态环境建设和可持续发展战略研究"为题，以自然地理范畴的西北地区为研究范围，以水资源为中心、以生态环境的保护和建设为重点进行了研究。提出了西北地区水资源配置的总要求，是在保证生态环境建设必要用水和社会经济合理用水的同时，还要保持水资源的可持续利用，并留有适当余地。2001年王浩、秦大庸和王建华等在"黄淮海水资源合理配置研究"中，首次提出水资源"三次平衡"的配置思想，系统地阐述了基于流域水资源可持续利用的系统配置方法，并在统一的用水竞争模式下研究流域之间的水资源配置问题，是我国水资源配置理论与方法研究的新进展。2002年赵建世、王忠静和翁文斌在分析了水资源配置系统的复杂性及其复杂适应机理分析的基础上，应用复杂适应系统理论的基本原理和方法，构架出了全新的水资源配置系统分析模型。2002年由张雪花等应用系统动力学—多目标规划整合模型，对秦皇岛市城市水资源利用结构进行了优化配置研究，将规划结果输入系统动力学模型，对规划方案实施后的社会、经济和环境后果进行了合理预测；2002年中国水利水电科学研究院等单位联合完成的"九五"国家重点科技攻关项目"西北地区水资源合理开发利用与生态环境保护研究"，建立了干旱区生态环境需水量计算方法，提出了与区域发展模式及生态环境保护准则相适应的生态环境需水量，在此基础上，提出了针对西北地区生态脆弱地区的水资源配置方案。采用了在水资源配置方案设置的基础上，生成水资源配置结果的研究思路，使水资源配置结果更符合区域的事迹。2003年谢新民和岳春芳等针对珠海市水资源开发利用面临的问题和水资源管理中出现的新情况，采用现代的规划技术手段，包括可持续发展理论、系统论和模拟技术、优化技术等，根据国家新的治水方针，在国家"九五"重点科技攻关研究成果的基础上，建立了珠海市水资源配置模型——基于原水—净化水耦合配置的多目标递阶控制模型。2003年，冯耀龙、韩文秀等分析了面向可持续发展的区域水资源优化配置的内涵与原则，建立了多目标优化配置模型，并以天津市为对象进行了研究。2003年，刘忠梅通过对包头市水资源供需及利用系统、供需各要素的相互关系及其所隐含的反馈信息的考察，结合包头市人口、经济发展状况，建立了包头市以水资源优化配置为基础的水资源承载力系统动力学模型，通过分析预测结果，并针对目前和将来用水可能存在的问题，提出包头市水资源持续利用的优化配置方案及对策。2004年，赵惠、武宝志以宏观经济发展为出发点，在水资源短缺的情况下，进行了辽河流域水资源的优化配置研究，为制定合理的开发利用计划、优化产业结构调整、保证生态平衡及水资源的可持续利用提供了依据。2005年，姚荣从区域水资源合理配置的定义出发，通过对区域水资源水质水量供需平衡分析，从供水能力角度将区域水资源划分为五类状态，建立了基于水源供水能力的区域水资源水质水量配置模型，并应用基于遗传算法的区域水资源合理配置二级递阶优化模型进行了方案求解。2005年李小琴在分析了黑河流域水资源开发利用现状的基础上，对黑河流域水资源需求进行了分析和预测，应用遗传算法求解LPM模型，建立了水资源优化配置模型，获得了水资源优化配置方案。2006年朱成涛采用定额法、回归分析方法和人工神经网络方法对连云港市区水资源优化配置进行了应用研究。同年，张力春利用多目标线性规划模型和模糊识别方法对吉林西部水资源进行了优化配置，并得出保证生活用水和注重生态环境的前提下，实现了经济净效益和社会效益的最优。

中国的水安全问题随着人口增长、经济发展和城市化进程的加快而越来越突出。我国政府在《社会发展和国民经济发展第十个五年计划纲要》中提出要抓紧解决好粮食、水、石油等战略物资问题，把贯彻可持续发展提高到一个新水平。基于此，国内许多学者开始关注并从事于水安全问题的研究。方子云指出，提供水安全是21世纪现代水利的主要目标，并大量介绍了国际上有关水安全研究的最新进展情况；夏军等从水资源承载力的角度对水安全问题进行了研究，提出了生态需水量的定义和计算方法；欧阳志云、王如松等对我国水安全系统进行了模拟研究，提出了若干模拟方案；洪阳等就中国21世纪的水安全问题做了初步研究，对水安全的定义、内涵、水安全的主要作用层面等方面进行了探讨；熊正为探讨了水资源污染与水安全之间的关系；其他如方红松、陈家琦等学者也对中国的水资源安全与保障问题进行了研究。陈守煜把模糊数学的理论与方法引入水文水资源系统的研究，利用模糊优化原理对水资源系统进行模糊识别，提出了多目标决策系统模糊优选理论、模型与方法，在实际工作中发挥了重要作用。闵庆文和成升魁探讨了全球化对我国水资源安全的影响，提出了全球化背景下的中国水资源安全对策。在区域水安全评价方面，韩宇平、阮本清、解建仓等初步研究了水安全评价的指标体系和方法，利用多层次多目标决策和模糊优选理论建立了区域水安全评价的模糊优选模型，并应用于我国西北地区水安全评价的具体实践中。任鸿遵、于静杰、林耀明等对华北平原农业水资源供需状况进行了初步评价，提出了一些可行的方法。这些学者结合不同地区的情况和自己的知识背景从不同角度对水安全进行了探讨和研究，他们的研究成果构成了水安全理论体系的各个方面，他们在研究中的方法、理论成为后来研究者的重要基础。在实践方面，针对我国水多、水少、水脏和水浑等问题，中国工程院组织了43位两院院士和近300位专家对中国可持续发展水资源战略进行了近两年的研究，提出了新世纪我国的水资源开发利用战略。国家还专门设立了"十五"科技攻关项目"水安全保障关键技术研究"，包括"中国分区域生态用水标准研究"、"塔里木河流域水资源保护与合理配置研究"、"黑河流域水资源调配实时管理信息系统研究"、"海河流域洪水资源安全利用关键技术研究"等专题；另外，2003年10月，"水利科技方针战略研究"课题组提出了在国家科技长期方针规划中列入"水资源的可持续利用和安全保障"的建议，该建议在分析了目前我国面临的水资源短缺、水灾害加剧、水环境恶化等问题后，提出了水利科技发展的7个优先领域：水资源的可持续利用、防汛抗旱与减灾、长江黄河治理开发与生态技术、南水北调工程重大科技问题、环境保护与流域生态建设、农村水利、水资源和水环境监测系统与信息共享平台。在建议中对每个领域都提出了一些需要迫切解决的重大科技问题。

总之，上述研究成果标志着我国经过了几代人坚持不懈的努力，使我国水资源优化配置研究从无到有，逐步走向成熟。

第三节　相关概念的界定

一、水资源承载力概念界定

"承载力"（Bearing Capacity）原为力学中的一个指标，指物体在不产生任何破坏时的最大荷载，通常具有力的量纲；当人们研究区域系统时，借用了这一概念，用来描述区域系统对外部环境变化的最大承受能力。随着研究的不断深入，"承载力"概念的外延与内涵都发生了变化，并被赋予了现代含义，成为用来描述发展限制程度常用的一个指标，最初将"承载力"

引入区域系统是用于生态学中的,其特定的含义是指在一定环境下某种生物可存活的最大数量,在实践中的最初应用领域是畜牧业。随着人口不断增长及其引起的人地矛盾的日益加剧,承载力概念被发展并引用到自然—社会经济系统中,提出了土地资源承载力概念。随后美国的威廉姆·A 阿兰、科克林、卡内罗及布拉什等人分别对土地资源承载力进行了研究;土地资源的系统研究始于 1982 年联合国粮农组织(FAO)对发展中国家的土地资源承载能力所进行的研究工作。任美锷先生是我国最早注意到承载力研究重要性的学者。1986 年中科院综考会等多家科研单位联合开展的"中国土地生产潜力及人口承载量研究",是我国迄今为止进行的最全面的土地承载力方面的研究;随后我国学者对土地资源承载力从各方面进行了研究。联合国教科文组织于 20 世纪 80 年代初提出了资源承载力的概念,并被广泛接纳,其定义为:"一个国家或地区的资源承载力是指在可预见的时期内,利用本地资源及其它自然资源和智力、技术等条件,在保护符合其社会文化准则的物质生活水平下所持续供养的人口数量",水资源承载力符合该定义的内涵。

20 世纪 80 年代末施雅风先生明确提出水资源承载力概念,但时至今日仍未形成系统的、科学的理论体系,对水资源承载力概念的理解和表述,不同学者有着明显的差异,还没有形成统一的认识:1989 年新疆水资源软科学课题研究组第一次对新疆水资源及其承载能力和开发战略对策进行研究,尽管没有提出明确的水资源承载能力的概念,但通过其研究间接地表明水资源承载力是水资源可开发利用量在满足维护生态环境用水要求后,所能支撑的工农业最大产值和人口数量;许有鹏 1993 年提出:水资源承载力是指在一定的技术经济水平和社会生产条件下,水资源中最大供给工农业生产、人民生活和生态环境保护等用水的能力,也即水资源最大开发容量,在这个容量下水资源可以自然循环和更新,并不断地被人们利用,造福于人类,同时不会造成环境恶化;1997 年冯尚友、刘国全对水资源承载力的定义是:水资源承载力多指一定区域物质生活水平下,水资源所能够持续供给当代人和后代人需要的规模和能力;1998 年阮本青、沈晋将水资源承载力定义为:在未来不同时间尺度上,一定生产条件下,在保证正常的社会文化准则的物质生活水平下,一定区域(自身水资源量)用直接或间接方式表现的资源所能持续供养的人口数量;贾嵘、薛惠峰等认为:水资源承载力是指在一定地区或流域范围内，在具体的发展阶段和发展模式条件下，当地水资源对该地区经济发展和维护良好的生态环境的最大支撑能力；李令跃指出："水资源承载力是在某一历史发展阶段，以可预见的技术、经济和社会发展水平为依据，以可持续发展为原则，以维护生态良性发展为条件，在水资源得到合理开发利用下，该地区人口增长与经济发展的最大容量。"姚治军、王建华等则认为：水资源承载力是指"在将来不同的时空尺度上，以预期的经济技术发展水平为依据，在对生态环境不构成危害的条件下，经过合理的水资源优化配置，某一区域内水资源持续供养区域经济规模和人口发展的最大能力"；惠映河等将水资源承载力定义为：某一地区的水资源在某一具体历史发展阶段下，以可预见的技术、经济和社会发展水平为依据，以可持续发展为原则，以维护生态环境良性循环发展为条件，经过合理优化配置，对该地区社会经济发展的最大支撑能力，其包含的内容、特征和研究的理论基础：

（一）水资源承载力包含的内容

1. 时空内涵：水资源承载力具有明显的时序上和区域上的涵义：从时间角度讲，不同的时期，社会经济发展水平不同，开发利用水资源的能力不同，使得相同水资源量的利用效率也就不同，从而单位水资源量的承载力肯定不同；从空间角度讲，即使在同一时期，在不同的城市，由于其资源禀赋、经济基础、技术水平等方面的不同，相同的资源量所能承载的人口、社会经济发展规模也必定不同。

2. 社会经济内涵：城市水资源承载力的社会经济内涵主要体现在人类开发水资源的经济技术能力、社会各行业的用水水平、社会对水资源优化配置以及社会用水结构等方面。因此，我们可以借助调整产业结构和提高经济技术水平等经济社会手段来提高水资源承载力。

3. 持续内涵：首先，城市水资源承载力表示城市水资源持续供给社会经济体系的能力，它要求对城市水资源的开发利用是可持续的，即城市的发展与水资源承载力的关系应是"以供定需"，而非过去的"以需定供"的非可持续开发利用理念；其次，持续的内涵还隐含着水资源承载力是随着城市经济技术的发展而不断增强的，并且这种增强不以追求量的增长为目的；相反，应提倡水资源需求量零增长，甚至负增长趋势下的社会经济可持续发展，也即提高水资源利用的效率和效益，即内涵式增长，从而达到城市水资源承载力与城市发展规模相适配的协调发展状态。

(二) 城市水资源承载力有如下特征

1. 有限性：表现在特定的时间内城市的水资源量的有限和由于经济实力、技术水平的约束使用量的有限性上，具体地说：第一，一定空间范围内所能获得的本地地表、地下以及从外流域调入的水量是有限的；第二，在任一时期，特定的经济技术水平下资源的利用效率是有限的；第三，水环境的容量是有限的。

2. 动态性：由于水资源系统及其所承载的社会经济系统都是动态的，水资源系统其量和质在不同时期都是不同的，这使其支持能力也是不断变化的，而社会经济系统的不断变化使其对水资源的需求也是不断变化的。因此，水资源承载力的动态性便成为其根本特性之一。

3. 可增强性：由于城市的人口增长、生产发展、城市用地规模扩张以及人民生活水平的不断提高，对水资源的承载能力有着明显的增强需求，这成为城市水资源承载力增强的直接驱动力，为了实现这一目的，一方面通过拓展水资源量和质的范围，另一方面不断增加水资源的使用内涵，从而提高水资源的承载能力。

(三) 城市水资源承载力研究的理论基础

1. 自然——人工二元模式下水文循环过程与机制

随着人类活动的加强，原有的一元流域天然水循环模式受到严重挑战，尤其在城市地区，人类活动不仅改变了流域降水、蒸发、入渗、产流和汇流特性，而且在原有的天然水循环内产生了人工侧支循环，形成了天然循环与人工循环此消彼长的二元动态循环过程，具有二元结构的城市水资源动态演化不仅构成了社会经济发展的基础，是生态环境控制因素，同时也是诸多水问题共同的症结所在，因此它也是进行城市水资源承载力研究的一个基石。

2. 水—生态—社会经济复合系统理论

一个区域是具有层次结构整体功能的复合系统，由社会经济系统、生态环境系统和水资源系统组成，水资源既是复合系统的组成部分，又是生态系统、社会经济系统存在和发展的支持条件，水资源的承载力状况对城市的发展起着重要作用，水资源状况的变化往往导致区域环境变化、土地利用和土地覆被的改变、社会经济发展方式的变化等。水—生态—社会经济复合系统理论也是水资源承载力研究的基础，应将水资源作为生态系统的一员，从水资源系统、自然生态系统和社会经济系统耦合机理上综合考虑水资源对城市人口、资源、环境和经济协调发展的支撑能力。

3. 可持续发展理论

可持续发展强调三个主题：代际公平、区际公平以及社会经济发展与人口、资源和环境间的协调性。在可持续发展理论的指导下，资源的可持续利用，人与环境的协调发展取代了以前片面追求经济增长的发展观念。可持续发展是一种哲学观，是关于自然界和人类社会发展的哲学观，可作为水资源承载力研究的指导思想和理论基础，而水资源承载力研究则是可持续发展理论在水资源管理领域的具体体现和应用。

二、水资源优化配置概念界定

水资源优化配置的目标和原则：资源优化配置的目标是满足人口、资源、环境与经济协调发展对水资源在时间上、空间上、用途和数量上的要求，使有限的水资源获得最大的利用效益，促进社会经济的发展，改善生态环境。根据资源分配的经济学原理，水资源合理配置遵循的原则为有效性原则和公平性原则，在水资源利用的高级阶段，还应遵循水资源可持续利用的原则。

水资源优化配置的概念是在一定的社会经济条件及水资源问题出现的背景下提出的。左其亭认为，一方面，随着人口增长、社会经济发展，出现了有限水资源与不断增加的蓄水量之间的尖锐矛盾。在很多国家和地区，水资源短缺已成为制约社会经济发展的主要因素。这就迫使人们寻找水资源的最佳分配，以实现有限水资源发挥最大效益的愿望。这是开展水资源优化配置研究的前提条件和原动力。另一方面，正是由于水资源短缺，使得水资源在用水行业、用水部门、用水地区以及用水时间上存在客观的竞争现象，而对于这种现象的不同解决方案（即配水方案）将导致不同的社会效益、经济效益以及环境效益；这就为选择最佳效益的配水方案提供了可能，是开展水资源优化配置研究的基础条件。再一方面，随着系统工程理论方法的出现及不断发展，为解决复杂水资源系统优化问题提供了技术支撑。水资源优化配置泛指通过工程和非工程措施，改变水资源的天然时空分布；开源与节流并重，兼顾当前利益和长远利益；利用系统科学方法、决策理论和先进的计算机技术，统一调配水资源；注重兴利与除弊的结合，协调好各地区及各用水部门之间的利益与矛盾，尽可能地提高区域整体的用水效率，以促进水资源的可持续开发利用和区域的可持续发展。

吴泽宁认为，水资源优化配置是指在流域或特定的区域范围内，遵循公平、高效和可持续利用的原则，以水资源的可持续利用和经济社会可持续发展为目标，通过各种工程与非工程措施，考虑市场经济规律和资源配置准则，通过合理抑制需求、有效增加供水、积极保护生态环境等手段和措施，对多种可利用水资源在区域间和各用水部门间进行的合理调配，实现有限水资源的经济、社会和生态环境综合效益最大，以及水质和水量的统一和协调。从宏观上讲，水资源优化配置是在水资源开发利用过程中，对洪涝灾害、干旱缺水、水环境恶化和水土流失等问题的解决实行统筹规划、综合治理，实现除害兴利结合，防洪抗旱并举，开源节流并重；协调上下游、左右岸、干支流、城市与乡村、流域与区域、开发与保护、建设与管理和近期与远期等各方面的关系。从微观上讲，水资源优化配置包括取水方面的优化配置、用水方面的优化配置以及取水用水综合系统的水资源优化配置。取水方面是指地表水、地下水、污水等多水源间的优化配置。用水方面是指生态用水、生活用水和生产用水间的优化配置。

李进霞认为，水资源优化配置的实质就是提高水资源的配置效率，一方面是提高水的分配效率，合理解决各部门和各行业（包括环境和生态用水）之间的竞争用水问题。统计资料表明，无论是从时间过程还是从不同国家的横向对比来看，随着社会经济的发展提高，农业用水将大量被工业和生活用水所取代。另一方面则是提高水的利用效率，促使各部门或各行业内部高效用水。水资源优化配置包括需水管理和供水管理两方面的内容。在需水方面通过调整产业结构与调整生产力布局，积极发展高效节水产业，抑制需水增长势头，以适应较为不利的水资源条件。在供水方面则是协调各单位竞争性用水，加强管理，并通过工程措施改变水资源天然时空分布与生产力布局不相适应的被动局面。

综上所述，笔者认为水资源承载力是：在特定的历史发展阶段，以可持续发展为原则，以维护生态良性发展为条件，以可预见的技术、经济和社会发展水平为依据，在水资源得到适度开发并经优化配置前提下，区域（或流域）水资源系统对当地人口和社会经济发展的最大支持能力。因此，水资源承载力可定义为：在区域发展的特定时期，以区域可持续发展为原则，以维护区域生态良性发展为条件，以可预见的技术、经济和社会发展水平为依据，在水资源合理开发并经优化配置的前提下，该城市水资源系统对城市人口和社会经济发展规模的最大容量。水资源优化配置是指在一个特定流域或区域内，工程与非工程措施并举，对有限的不同形式的水资源进行科学合理的分配，其最终目的就是实现水资源的可持续利用，保证社会经济的、资源的、生态环境的协调发展。

第四节 水资源优化配置的理论、方法与发展趋势

一、水资源优化配置的理论

（一）"以需定供"的水资源配置

认为水资源是"取之不尽，用之不竭"，以经济效益最优为唯一目标。以过去或目前的国民经济结构和发展速度资料预测未来的经济规模，通过该经济规模预测相应的需水量，并以此得到的需求水量进行供水工程规划。这种思想将各水平年的需水量及过程均作定值处理而忽视了影响需水的诸多因素间的动态制约关系，着重考虑了供水方面的各种变化因素，强调需水要求，通过修建水利水电工程的方法从大自然无节制或者说掠夺式地索取水资源。其结果必然带来不利影响，诸如河道断流，土地荒漠化甚至沙漠化，地面沉降，海水倒灌，土地盐碱化，等等。另一方面，由于以需定供，没有体现出水资源的价值，毫无节水意识，也不利于节水高效技术的应用和推广，必然造成社会性的水资源浪费。因此，这种牺牲资源、破坏环境的经济发展，需要付出沉重的代价，只能使水资源的供需矛盾更加突出。

（二）"以供定需"的水资源配置

"以供定需"的水资源配置，是以水资源的供给可能性进行生产力布

第一章 绪 论

局，强调资源的合理开发利用，以资源背景布置产业结构，它是"以需定供"的进步，有利于保护水资源。但是，水资源的开发利用水平与区域经济发展阶段和发展模式密切相关。比如，经济的发展有利于水资源开发投资的增加和先进技术的应用推广，必然影响水资源开发利用水平。因此，水资源可供水量是与经济发展相依托的一个动态变化量，"以供定需"在可供水量分析时与地区经济发展相分离，没有实现资源开发与经济发展的动态协调，可供水量的确定显得依据不足，并可能由于过低估计区域发展的规模，使区域经济不能得到充分发展。这种配置理论也不适应经济发展的需要。

（三）基于宏观经济的水资源配置

无论是"以需定供"还是"以供定需"，都将水资源的需求和供给分离开来考虑，要么强调需求，要么强调供给，并忽视了与区域经济发展的动态协调。于是结合区域经济发展水平并同时考虑供需动态平衡的基于宏观经济的水资源优化配置理论应运而生。某一区域的全部经济活动就构成了一个宏观经济系统。制约区域经济发展的主要影响因素有以下三个方面：（1）各部门之间的投入产出关系。投入是指各部门和各企业为生产一定产品或提供一定服务所必需的各种费用（包括利税）；产出则是指按市场价格计算的各部门各企业所生产产品的价值。在某一经济区域内其总投入等于总产出。通过投入产出分析可以分析资源的流向、利用效率以及区域经济发展的产业结构等；（2）年度间的消费和积累关系。消费反映区域的生活水平，而积累又为区域扩大再生产提供必要的物质基础和发展环境。因此，保持适度的消费、积累比例，既有利于人民生活水平的提高，又有利于区域经济的稳步发展。（3）不同地区之间的经济互补（调入调出）关系。不同的进出口格局必然影响区域的总产出，进而影响产业的结构调整和资源的重新分配。上述三方面相互作用共同促进区域经济的协调发展。

基于宏观经济的水资源优化配置，通过投入产出分析，从区域经济结构和发展规模分析入手，将水资源优化配置纳入宏观经济系统，以实现区域经济和资源利用的协调发展。

水资源系统和宏观经济系统之间具有内在的、相互依存和相互制约的关系。当区域经济发展对需水量要求增大时，必然要求供水量快速增长，这势必要求增大相应的水投资而减少其他方面的投入，从而使经济发展的速度、

21

结构、节水水平以及污水处理回用水平等发生变化以适应水资源开发利用的程度和难度，从而实现基于宏观经济的水资源优化配置，《华北地区宏观经济水资源规划理论与方法》的研究成果堪称这一理论的典范。

另一方面，作为宏观经济核算重要工具的投入产出表只是反映了传统经济运行和均衡状况，投入产出表中所选择的各种变量经过市场而最终达到一种平衡，这种平衡只是传统经济学范畴的市场交易平衡，忽视了资源自身价值和生态环境的保护。因此，传统的基于宏观经济的水资源优化配置与环境产业的内涵及可持续发展观念不相吻合，环保并未作为一种产业考虑到投入产出的流通平衡中，水环境的改善和治理投资也未进入投入产出表中进行分析，必然会造成环境污染或生态遭受潜在的破坏。研究表明，1993年我国因水污染造成的损失为302亿元，水资源破坏引起的损失为124亿元，两者合计约占当年国民生产总值的1.23%。江苏省自然资源（以水、大气资源为例）核算的结果表明，以GDP为主要衡量指标的传统国民经济核算体系过高地估计了江苏省经济的增长水平，江苏省经济增长存在较为严重的环境负债。仅水和大气的环境价值损失，1994~1997年都在410~470亿元左右，平均约占当年GDP的7.6%，若再加上其他环境资源和物质资源价值损耗，这一数目还会增大。因此，传统的宏观经济理论体系有待革新。

（四）可持续发展的水资源配置

水资源优化配置的主要目标就是协调资源、经济和生态环境的动态关系，追求可持续发展的水资源配置。可持续发展的水资源优化配置是基于宏观经济的水资源配置的进一步升华，遵循人口、资源、环境和经济协调发展的战略原则，在保护生态环境（包括水环境）的同时，促进经济增长和社会繁荣。目前我国关于可持续发展的研究还没有摆脱理论探讨多实践应用少的局面，并且理论探讨多集中在可持续发展指标体系的构筑、区域可持续发展的判别方法和应用等方面。在水资源的研究方面，也主要集中在区域水资源可持续发展的指标体系构筑和依据已有统计资料对水资源开发利用的可持续性进行判别上。对于水资源可持续利用，主要侧重于"时间序列"（如当代与后代、人类未来等）上的认识，对于"空间分布"上的认识（如区域资源的随机分布、环境格局的不平衡、发达地区和落后地区社会经济状况的差异等）基本上没有涉及，这也是目前对于可持续发展理论的一个误区，理想的可持续发展模型应是"时间和空间有机耦合"。因此，可持续发展理论作为水资源优化配置的一种理想模式，在模型结构及模型建立上与实际应用都还有相当的差距，但它必然是水资源优化配置研究的发展方向。

二、水资源优化配置的方法

水资源优化方法的研究开始于20世纪50年代中期，60年代和70年代得到了迅猛发展。1985年叶（Yeh）对系统分析方法在水库调度和管理中的研究和应用进行了全面综述，包括线形规划、非线形规划、模拟技术以及动态规划等，其中动态规划、多目标规划和大系统理论在水资源配置与管理中应用最为广泛。

（一）动态规划方法

20世纪70年代以来，系统分析方法在水资源管理领域取得了很大进展。动态规划产生于20世纪50年代，是解决多阶段决策过程最优化问题的一种有效数学方法。但该方法存在多状态决策的"维数灾"问题，极大地限制了动态规划的应用，即使应用现代高速大容量电子计算机也难以胜任。近年来针对一般动态规划的维数灾问题，不少学者做了大量的研究工作，提出以下改进方法。

1. 逐次优化算法（POA）

豪森（Howson）和桑乔（Sancho）于1975年提出POA，用来解决凸性约束条件下多阶段决策问题。这种方法的优点是不需要对状态变量离散，能够得到全局最优解，但是需要大量计算时间。该法主要用于水库优化调度、水库群防洪调度、梯级电站经济运行等问题。

2. 二元动态规划算法（BSDP）

厄兹登（Ozden M.）于1984年提出BSDP，用来解决四个水库优化调度问题。这种方法的显著特点在于构造状态子空间的特殊规则解决动态规划"维数灾"问题。国内有学者对BSDP做了多方面的深入研究，如加入迭代收敛条件避免陷入局部最优解、改进库群步长选取等。

3. 微分动态规划法（DDP）

DDP主要解决多维动态规划和非二次型目标函数连续性最优控制问题。这种方法逐次向预定目标逼近，每次寻优只在某个状态序列赋予增量形成的廊道范围内进行，与常规动态规划法不同，大大减少了计算工作量。不足之处在于最优价值函数要具有良好的解析性质，使之可以用泰勒 r 级数展开，程序设计较为复杂。

4. 增量动态规划法（IDP）

IDP 与一般动态规划相比，克服了维数灾问题，运输速度更快。采用模拟法与多维增量动态规划法（MDIDP）相结合可以更好地解决多水源、多用户、多级串并联的水资源系统优化调度问题。

5. 状态增量动态规划法（SIDP）

SIDP 不仅原理清晰，而且编程简单，缺点是状态增量值的选择具有较大的随意性，会影响收敛速度，对维数灾问题有效差。

6. 单增量搜索解法

单增量搜索解法由我国学者在 1983 年研究南水北调东线工程运行最优问题时提出的一种方法，综合了 DDP、POA 和 SIDP 三类方法的优点，能有效地减少计算步骤，节省计算时间。

7. 有后效性动态规划逐次逼近法（DPSA）

DPSA 利用目标函数的可分性，把多维优化问题转化为一维优化问题，对每一阶段搜索最优值，以逐步迭代以求得最优解，大大简化了问题的复杂性。对于严格凸函数在凸集上是收敛的。

8. 线性—动态规划算法（LP – DP）

贝克尔（Becker）和叶（Yeh）于 1974 年为解决美国加州中央河谷水电站群的实时优化调度提出了 LP – DP 算法。该模型主要针对梯级水库群实时调度问题，理论上还不够严密。对此，我国学者问德溥在此基础上，提出改进的 LP – DP 模型，进行了理论上完善，扩展了应用范围，提高了优化效益。

9. 随机动态规划（SDP）

在长期水库优化调度中，径流预报的偏差较大，随机模型比确定性方法更符合实际情况。SDP 允许优化过程中包含径流过程的随机模型，比较适合解决长期水库优化调度问题。

10. 模糊动态规划法（FDP）

水资源系统具有随机性和模糊性。于模糊优化法将目标函数模糊化，按照模糊判据，求取模糊目标函数的优化集。模糊理论与动态规划相结合弥补了动态规划法存在的计算量大的缺陷，并可提高计算速度和改善收敛性。

(二) 大系统多目标方法

由于水资源系统配置在空间上需要协调不同区域之间的矛盾，时间上要考虑近期与长期利益的冲突，贯穿社会、经济、环境等多领域，属于涉及众多部门和地区、半结构化的多目标多层次问题。对于如此复杂的水资源优化配置，可以采用大系统、多目标的建模方法进行研究。

1. 大系统分解协调法

大系统分解概念最早由丹齐格（Dantzig）和乌尔夫（Wolfe，1960年）在处理大型线性规划问题时提出。随后，20世纪70年代初，梅萨罗维奇（Mesarovic）提出了大系统递阶控制理论，其基本思路是将复杂的大系统分解为若干个简单的子系统，以实现子系统局部最优化，再根据大系统的总任务和总目标，使各子系统相互协调配合，实现全局最优化。该理论为处理复杂的大系统问题开辟了广阔前景，应用该理论可以把复杂的水资源系统在空间、时间上进行分解，建立分解协调结构，从而简化计算。

2. 多目标决策方法

多目标优化决策问题是向量优化问题，其解为非劣解集。求解决目标优化问题的基本思想是将多目标问题化为单目标问题，再采用较为成熟的单目标优化技术。多目标问题转化为单目标问题有多种方法，主要有以下三类途径。①评价函数法：根据问题的特点、决策者的意图，构造一个把多目标转化为单个目标的评价函数，转化为单目标优化问题。这类方法主要有线性加权和法、极大极小法、理想点法等。②交互规划法：这种方法不直接使用评价函数的表达式，而以分析者和决策者不断交换信息的人机对话方式求解。这类方法包括逐步宽容法、权衡比较替代法、逐次线性加权和法等。③混合优选法：对于同时含有极大化和极小化目标的问题，将极小化目标化为极大化目标再求解。另外，也可以不转换，采用分目标乘除法、功效函数法和选择法等直接求解。

(三) 新优化方法

优化技术是水资源优化配置模型求解的重要手段，没有快速有效的优化算法很难得到最终的水资源优化配置结果。水资源的最优分配问题，系指如何将多个水源的水量合理地分配到多个用户中去，使系统的总效益最大，即多目标的综合效益最大。各用户所分水量为优化变量，它和相应的效益之间一般为复杂的非线性关系，若用一般的线性规划或非线性规划求解该问题会相当复杂，而用一般的动态规划方法求解，则随着用户数目和用水量取值状态数目的增加，计算量急剧增加，出现"维数灾"问题，在系统求解中应用。近十几年来遗传算法、人工神经网络、模拟退火法、免疫进化算法等智能算法在区域水资源优化配置模型求解上应用越来越多。

遗传算法将水资源优化配置问题当作生物进化问题模拟，以各水源分给各用户的水量作为决策变量，对决策变量进行编码并组成可行解集，通过判断每一个个体的优化程度来优胜劣汰，从而产生新一代可行解集，如此反复迭代来完成水资源优化配置。在此基础上，最近几年发展起来的一种多目标遗传算法，采用基于排序计算适应度的多目标遗传算法在解决多目标向单目标转化时候只取决于多目标的本身，不受其他因素的影响，是一种比较理想的解决多目标优化的方法。将多目标遗传算法引入到水资源优化配置中来，利用其内在并行机制及全局优化的特性，提出基于多目标遗传算法的水资源优化配置方法，把大系统分解协调理论和遗传算法相结合，可很好地解决复杂水资源系统的优化配置问题。

三、水资源优化配置研究发展趋势

水资源优化配置研究的发展趋势表现在以下几个方面：

（一）加强了生态环境需水配置研究

可持续发展要求以水资源可持续利用支撑和保障经济社会的可持续发展，这要求在水资源配置研究中，充分考虑代际间发展和用户之间分配的公平性，以及经济发展与水资源、环境之间的相互协调。因此，如何从理论和技术上体现水资源配置的公平性和水资源配置与经济、环境、人口的协调，是水资源配置研究必须解决的问题之一。这就客观要求将生态需水和生产、生活需水统一协调地进行配置。

（二）更加注重水资源优化配置模型的简明性和实用性研究

为提高水资源优化配置研究成果的实用价值，水资源优化配置模型的实用性是研究的重点课题之一。区域水资源配置系统的各因素相互影响和相互制约机制极其复杂，效果的表现形式各种各样，在建立水资源优化配置的模型时，无论从理论上还是技术上都难以完整体现，难免要做一些简化。同时，在模型中充分反映众多不确定因素影响也很困难。此外，优化配置模型不便直接反映决策者的偏好。因此，研究优化配置模型的实用性，有助于选择符合区域实际的水资源配置方案，使水资源配置研究成果能指导或应用于区域水资源管理中。

（三）多种优化方法和模拟计算相结合

水资源配置仅用数学优化方法难以贴近于实际，完全采用模拟的方法则又难于有效控制众多的参数、条件。因此，可以采用优化—模拟—评价的思路得到水资源配置模型的决策方案结果。这样便于发挥优化方法的搜索能力，同时发挥模拟模型仿真性、可靠性强的优势。

（四）加强需水优化控制研究

对于区域内工业、农业、生活和生态环境用水，研究可操作性较强的水资源优化配置方案。对工业用水为了实现工业内部各用户间水资源的优化配置，应考虑效益因素、对本地区国民经济与社会发展的影响因素、环境因素、节水水平因素—可持续发展因素，对需水量进行调整。对农业用水量应以非充分灌溉理论指导下进行作物间的科学分配，必要时调整种植结构。这样既有利于灌溉水的应用和集约化管理，又有利于灌溉的规模效益、综合效益。

（五）加强了新技术和新优化方法在水资源优化配置中的应用研究

新的优化方法和3S（GIS，GPS，RS）技术的应用将丰富水资源优化配置的研究领域和手段。目前，水资源优化配置模型多采用线性规划、非线性规划、动态规划、模拟技术及它们之间的有机结合，这些方法应用于复杂大系统时会受到一定的限制。新近发展起来的智能优化方法，如遗传算法（GA）、模拟退火算法（SA）、禁忌搜索（TABU）、人工神经网络（ANN）和混沌优化等，对于离散、非线性、非凸等大规模优化问题充分显示出其优越性，必将被越来越广泛地应用。在信息化社会，3S技术在水资源领域的应用已经显示出强大的功能，3S技术与水资源优化配置的理论、模型和方法结合的水资源优化配置专家支持系统是非常有前途的研究。

第二章 研究区概况

第一节 研究区范围

呼和浩特市位于我国西北部干旱半干旱地区，地处阴山山脉中段，黄河北边土默特平原的中南部，西与包头市土默特右旗、固阳县、鄂尔多斯市准格尔旗毗邻，东与乌兰察布市卓资县、凉城县相连，北部与包头市达尔罕茂明安联合旗、乌兰察布市四子王旗接壤，南部以古长城为界与山西省交界。地理坐标是东经110°31′~112°20′，北纬39°35′~41°25′，东西向宽约150公里，南北向长约165公里。土地总面积17224平方公里。全市由市区（新城区、赛罕区、玉泉区、回民区）、土默特左旗、托克托县、和林格尔县、清水河县、武川县六个农区旗县区组成。（图2-1）

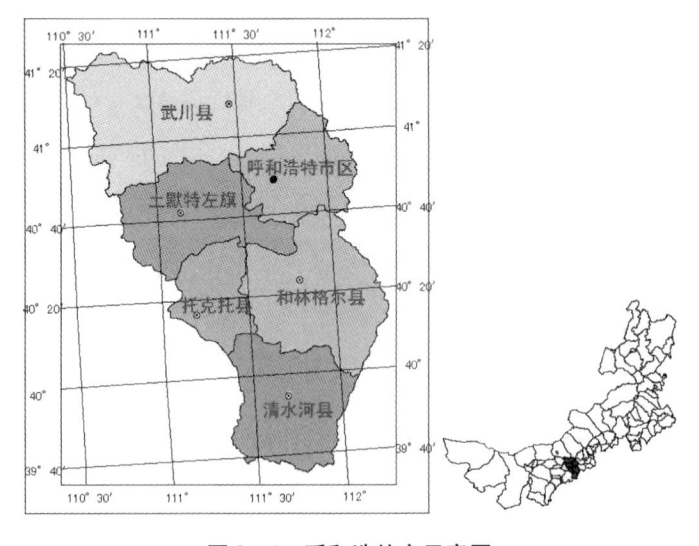

图2-1 呼和浩特市示意图

第二节 自然地理环境

一、地形地貌

本区位于阴山山脉东段,北连内蒙古高原,南以黄河为界,地貌由山地、丘陵和平原组成。山地面积426平方公里,占总面积的28%,丘陵7429平方公里,占43.5%,平原4906平方公里,占28.5%。地貌划分为三大单元,北部包括土左旗、郊区北部及武川县,为以大青山为主脉的中低山、低山丘陵波状丘陵区;东及东南部和林县、清水河县境内是蛮汉山、吕梁山脉,北部山地为主脉的低山黄土丘陵沟壑区;中部托克托县及土左旗、郊区大部是断陷盆地,土默川平原区。总的地形是北高南低,东高西低,海拔高程在940—2280米之间(见图2-2)。

大青山是切割较深的中低山,主脉宽约50公里,境内长110余公里。海拔高程1800—2280米,是呈东西向横亘于本区中部的脊梁。南麓山势险峻与平原区相对高差600—1200米,沟谷发育密度1—4公里/平方公里。北麓由缓坡向高原低山丘陵和高原波状丘陵过渡,丘陵坡度小于10°—5°,相对高差100米以下,海拔高程到北部边境处为1600—1700米。武川县东、南及西南部低山区为侵蚀构造地貌,中北部高原波状丘陵由中生代沉降带形成,为构造侵蚀地貌。西北部低山丘陵也为构造侵蚀地貌。河谷洼地为第四纪堆积形成的堆积地貌。该

图2-2 呼和浩特自然景观图

区沟谷不发育，河道两侧广布着面积大小不等的谷盆滩川地。

蛮汉山、吕梁山地为侵蚀构造低山区，境内海拔高程一般在1400—1800米，是纵布在本市东部和东南边缘的高地，与毗邻的黄土丘陵沟壑区是黄土高原的组成部分，海拔高程940—1500米间，受水力侵蚀地貌为丘、峁。沟道组成，沟道深切，密度106—2.7公里/平方公里，面积占20—40%。在该区南部侵蚀严重区，梁峁林立，沟壑纵横，地形支离破碎，利用困难。本区除浑河干流有较宽阔河谷阶地外，尚有黑老么、樊家么等山间小型盆地。

土默川平原是个东北高、西南低的开阔平原，大黑河穿越其间，海拔高程980—1200米间。地貌北部大青山前是冲洪积扇裙组成的倾斜平原，扇裙宽4—6公里，扇前区宽2—6公里，地面坡度6—30‰；中部为大黑河冲洪积平原；哈素海以南、托县西部为黄河冲湖积平原，平原区地面坡度1—6‰。二道凹至托县一线以东为湖积台地，宽约15公里，地貌坡度一般为3—7‰，台地南缘与和林格尔丘陵相接。本区较大的水面为哈素海，面积30平方公里。托克托县东南、湖积台地南部为沙丘区。

二、气候

冬季受蒙古高压控制，夏季受太平洋副高压控制，属温带大陆性气候，从水分带分布看属半干旱区。气候的特点是：冬季寒长、夏季温热，温差大、无霜期短、光热充足、风多、多旱少涝，受阴山影响，大青山以北武川地区，气候大陆性较南部显著。

据"国土资源"资料（实测资料统计到1986年），年降水量348—418毫米（见表2-1）。托克托县、武川县偏少，湿润度0.3—0.6之间，属旱作农业区，6—9月降水量占全年74—80%，雨热同期，作物生长期雨量少，旱情经常发生，汛期多雨，又易发生洪涝灾害。本区冬春多大风，8级以上大风，在武川年均45天，大青山以南地区年均20余天，常造成农业灾害。年平均气温由北向南递增，北部大青山区仅在2℃左右，南部达到6.7℃。最冷月气温-12.7~16.1℃；最热月平均气温17~22.9℃。平均年较差为34.4~35.7℃，平均日较差为13.5~13.7℃。极端气温最高38.5℃，最低-41.5℃。无霜期：北部山区为75天，低山丘陵区110天，南部平原区为113—134天；日照年均1 600小时。降水量：年平均降水量为335.2—534.6毫米，其地域分布是西南最少，年降雨量仅350毫米；平原区在400毫米左右；大青山区在430—500毫米；最多是大青山乡—前响村，年均降水达到534.6毫米；其次是井乡，年均降水量为489.3毫米；最少是在南坪乡、黑城乡及新营镇一带，年均降水量仅为335.2—362.8毫米（见图2-3，图2-4）。

表2-1　呼和浩特市各旗县降水、蒸发、水蚀模数

旗县	降水量（mm）	蒸发量（mm）	水蚀模数（t/km^2）
武川	348.5	2067.9	
呼市	418.0	1839	
土左旗	396	1900	
托县	357	2000	2000
和林	396	1850	
清水河	400	2579.2	4000

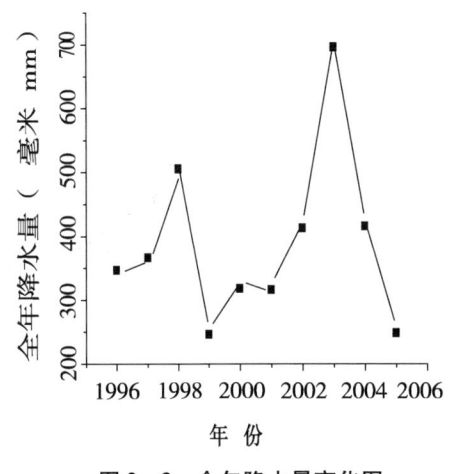

图2-3　全年降水量变化图

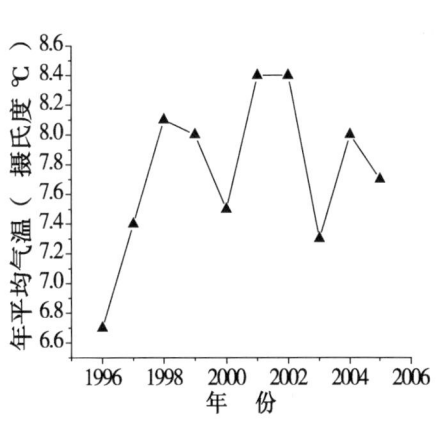

图2-4　年平均气温变化图

三、水文地质

呼和浩特市河流分属黄河及内陆河水系（见图2-5）。注入黄河的一级支流有大黑河、浑河和杨家川三条。内陆河水系有：艾不盖河支流巴拉干河，塔布河及支流中后河、耗赖河；均居于流域上游，除大黑河、浑河外其他各河流域面积均小于1000平方公里。河流特点是水量集中于汛期，水流量较少；洪水暴涨暴落、峰大峰小、含沙量多及时令性强。

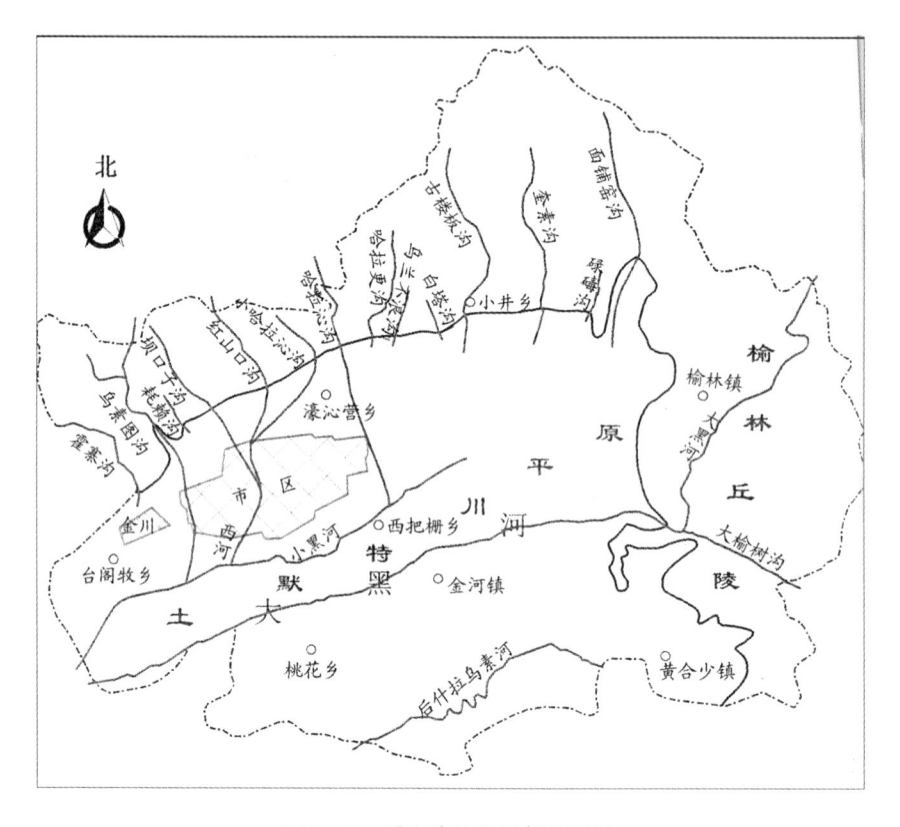

图2-5 呼和浩特市近郊水系图

大黑河，发源于乌兰察布市卓资县十八台，在郊区榆林乡入本市境，在托克托县河口镇入黄河，流域面积（不计包头部分）15252.7平方公里，境内面积10847平方公里。干流全长225.5公里，境内长114.4公里。大黑河产流区为山丘区，包括：干流美岱以上山丘区，大青山山丘区和蛮汉山山丘区。干流美岱以上，流域面积4287平方公里（包括境内280平方公里），流域面积大于 100 平方公里的支流有 7 条，其中在美岱以上境内入大黑河的有吉庆营子沟、三道沟及石人湾沟三条。大青山区产流面积 4633 平方公里，较大支沟有水磨沟、万家沟、哈拉沁沟、西白石头沟、黑牛沟、乌素图沟、古路板沟等，分别汇集于小黑河与哈素海于土左旗与托县流入大黑河。蛮汉山区产流面积 1402 平方公里，较大支沟有石闸沟、茶坊沟（又称为什拉乌素后河、前河）、宝贝河、缸茶河、沙河等汇集于什拉乌素河于托县入大黑河。河流含沙量：干流及大青山区 16-26.5 千克/立方米，蛮汉山茶坊河为 84 千克/立方米。

浑河发源于山西省平鲁县连家窑台墩山，汇集左云、右玉县支流在右玉县杀虎口以下入本市境，和林县前么子以上为和林县及凉城县界河，以下境和林县南部、清水河县北部，在岔河口附近入黄河。干流长 194 公里，境内长 119 公里，流域面积 5531 平方公里（放牛沟以上 5461 平方公里。），境外面积 2435 平方公里。境内较大支沟有前石门河（上游在凉城县）、马厂河、骆驼沟、密令沟、古儿畔河、清水河等支沟，境内属水土流失严重区，水蚀模数见表 1。河流含沙量 51.5（太平么站）—87.6（放牛沟）千克/立方米。

杨家川源于山西省平鲁县雷家窑，在清水河县老牛湾入黄河，流域面积 992 平方公里（境内 960 平方公里）。

内陆水系均分布于武川县北部沿行政边界 5-25 公里范围内。巴拉干河源于武川西红山子乡马莲渠，境内长 19 公里，东北向流入达茂旗艾不改河支流塔尔混河。塔布河源于固阳西南沟村（境外区域面积 24 平方公里），在武川县西红山乡入境，东北向流入达茂旗，境内河长 53 公里。

中后和及耗赖河分别源于武川西乌兰不浪及安字号，北流入达茂、四子王旗，然后汇入塔布河。

地下水分为浅层水含水层和深层水含水层，浅层水含水层包括浅层潜水及半承压水等，地下水埋藏深度、水质、水量均由北向南呈有规律的变化，全市浅层地下水年补给量为 9.87 亿立方米。

四、土壤植被

呼和浩特市土壤类型较为复杂多样，植被种类较为齐全，乔灌草品种繁多。从北向南由森林草原逐步过渡为灌丛草原、草甸草原和典型草原。北部山地海拔1700米以上阴坡有山杨、白桦天然次生林，其土壤为灰色森林土、山地草甸土、灰褐土。海拔1600米以下山地灌丛和典型草原植被，其土壤为石灰性灰褐土和栗钙土。中部平原地区的山前倾斜平原主要是地带性的典型草原植被和栗钙土，冲积平原为农田及耕作土壤以及草甸、沼泽和草甸土、沼泽土及盐土、碱土等。东南部山区自然垂直带谱明显，从山顶到山麓有山地草甸带、山地森林灌丛带和灌丛草原带，土壤为山地草甸土、灰色森林土和灰褐土。南部黄土丘陵区自然植被以旱生灌丛草原为主，土壤为栗褐土和黄绵土。

2010年5月27日，在湖北武汉举行的第七届中国城市森林论坛上，呼和浩特市被全国绿化委员会、国家林业局正式授予"国家森林城市"称号。建设中国北疆绿色长城，打造生态城市、和谐城市、幸福城市是呼和浩特市委、市政府始终坚持以人为本，为首府市民建设一个生态良好、环境优美的宜居城市的结果。呼和浩特市委、市政府按照规划，因地制宜地将全市生态

图2-6 呼和浩特市森林覆盖率与森林公园

建设划分为大青山以北风蚀沙化区、大青山区、蛮罕山及南部黄土高原丘陵区、土默川平原区和城区五大类型功能区，确立了五大类型建设模式，实行分区规划、分区治理。在全市范围内，开展了大规模的植树造林活动，实施了大青山干旱阳坡造林科技示范工程等八大生态建设精品展示工程和绕城高速公路绿化隔离带建设等十大创森重点工程；在市区周边，建设了4个万亩以上生态园；在核心区内，建设了4个千亩以上的大型公园和数十个大中小相结合的绿地广场。特别是2009年以来启动了环城水系生态工程，加大河道治理力度，加强河道两岸环境等整体治理，逐步形成了"森林城市"的生态防护体系；核心区重点实施了"全民动员、全城绿化"、"万棵大树进青城"、新建高压走廊带状公园等一系列工程。国家林业局考察组对呼和浩特市创森工作给予高度评价。在一个全年降水量不足400毫米的干旱半干旱的塞北城市，能初步形成以森林为主的健康生态环境，全面达到国家森林城市的考核要求，实属"不容易、不简单、不寻常，让人震撼"（见图2-6）。

第三节　社会经济环境

呼和浩特市位于内蒙古自治区中部。东经110°46′—112°10′，北纬40°51′—41°8′，地处内蒙古自治区中部山脚下，全市总面积17224平方公里。呼和浩特市土地总面积为1.72万平方公里，建成区面积为149平方公里，是一座以蒙古族为主体，汉族为多数，满、回、朝鲜等36个民族共同居住的地区。

近年来，呼和浩特市国民经济始终保持又好又快发展的势头。2010年，全市地区生产总值实现1865.7亿元，同比增长13%，财政总收入突破241.5亿元，增长20.1%。城镇居民人均收入、农民人均收入分别达到25174元和8746元，增长12.4%和12.1%。2006至2010年，五年累计完成固定资产投资3413.1亿元。经历了新世纪以来几年的快速发展，首府经济综合实力已经走进西部12个省会城市的前列，具备了与东部发达地区同台竞技的能力和水平，并提出了到2015年经济总量进入全国27个省会城市前10名的奋斗目标。

呼和浩特市是内蒙古重要的工业城市，也是我国重要的毛纺织工业中心之一，现已成为一个门类比较齐全的综合性工业城市。除传统的民族用品工业、轻纺工业外，制糖、卷烟、乳品、医药、化工、冶金、电力、建筑材料等工业都已形成较大规模。涌现出了仕奇集团、伊利乳业、蒙牛乳业、呼和浩特市卷烟厂、亚华水泥厂、三联化工厂等大型企业。近年来，呼和浩特市借助得天独厚的自然条件，乳业发展迅速，已成为闻名遐迩的"乳都"。与松原、包头、鄂尔多斯一起被称为"中国北方经济增长四小龙"。

2005年，呼和浩特市实现国内生产总值743.66亿元，比上年增长了45%，其中第一产业产值为47.17亿元、第二产业产值为277.76亿元、第三产业产值为418.73亿元。人均生产总值已达29049元，比上年增长了42%。由图2-7、图2-8看出，在1996—2005年期间，国内生产总值和人均生产总值均呈持续上升。呼和浩特市总人口为258万人，其中城市人口为130.73万人，乡村人口为109.84万人。农牧民人均收入已达4631.41元。现状年（2005年）工业总产值为483.16亿元，比上年增长了35.28%。商贸流通、交通运输等传统服务业在竞争中发展壮大，金融保险、信息咨询、现代物流等新兴服务业迅速成长。实施"工业兴市"战略后，极大地推进了乳业、电力、电子信息、生物制药、冶金化工、机械制造等优势特色产业的发展，有效地促进了工业经济的快速增长和工业结构的优化升级。2005年呼和浩特市总耕地面积为509.47千公顷，人均耕地约为0.2公顷，其中有效灌溉面积为181.94千公顷（见表2-2），占总耕地面积的35.7%。粮食产量为114.83万吨，主要农作物为小麦、玉米和杂粮。

表2-2 2005年呼和浩特市各指标统计情况

地区	人口（万人）农业	人口（万人）非农业	耕地面积 Km²	灌溉面积 有效	灌溉面积 实灌	粮食产量 万斤	农业产值 亿元	全部工业（亿元）工业	全部工业（亿元）乡以下办工业	工农业总产值 亿元	GDP 亿元
全市	194.534	83.769	528.43	207.89	177.97	70.425	11.939	66.857	30.916	109.731	96.202
城区	64.466	64.466						47.439	0.739	48.178	57.874
郊区	29.434	5.746	68.27	47.14	39.3	11.244	2.866	11.338	16.904	31.108	12.308
土左旗	33.469	4.439	102.77	83.7	75.4	26.02	3.765	2.51	7.626	13.701	10.626
托县	18.644	2.739	60.06	43.26	36.02	12.547	2.113	3.477	3.065	8.655	6.886
和林县	18.474	2.079	99.14	21.29	17.5	7.861	1.107	0.422	0.637	2.186	2.085

续表

地区	人口（万人）		耕地面积	灌溉面积		粮食产量	农业产值	全部工业（亿元）		工农业总产值亿元	GDP亿元
	农业	非农业	Km²	有效	实灌	万斤	亿元	工业	乡以下办工业		
清水河县	13.042	1.887	62.72	3.50	2.85	4.16	0.866	0.916	0.897	2.724	2.737
武川县	17.005	2.413	135.47	9.0	6.9	8.411	1.222	0.690	1.068	2.98	3.686

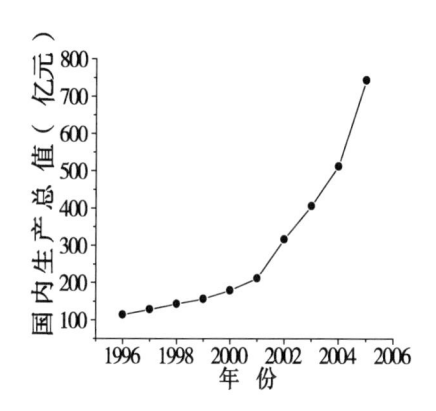

图 2-7 国内生产总值变化图

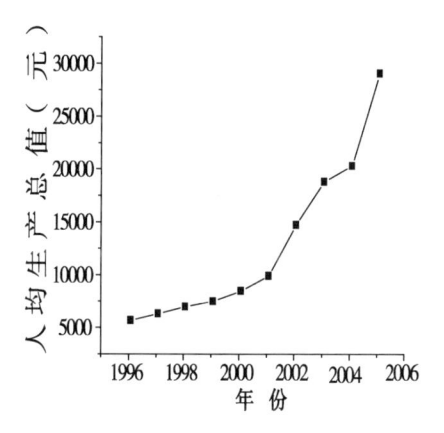

图 2-8 人均生产总值变化图

第三章 水资源开发利用现状及特征

第一节 水资源开发利用现状

一个地区的水资源是支撑该地区社会经济持续发展，各类生命生存繁衍，生态环境不恶化的基础。人口增多，社会经济发展，日益增加水资源的承载力。人们力求增加可利用水量缓解淡水资源紧缺的矛盾。随着社会实践的积累和科学技术的发展，水资源研究及利用的领域、范围正在向空间大气水（如人工降雨、凝结水），海咸污水淡化利用方面拓展延伸。在本区水资源利用的供需平衡中将计入污水资源化的利用。污水淡化回用随着用水增加而增加，将结合社会经济发展用水预测本市境内排污水量，并据本市条件安排其利用量。本区大气水的利用主要是降水的利用，正在山丘区开始推广。

境内各河地表水资源分为当地水资源和过境水资源。当地水资源以河流流域为系统计算时，称为流域水资源；以地域、行政区划分，又分解为入境水资源（即入境河流境外上游来水）、出境水资源（即出境河流流出水量）和自产水资源（即境内各河流产生地表径流量）。过境水资源是指黄河干流通过本市河段内可供利用的水量。

反映地区水文气象特征的样本系列为含持续丰（P＝12.5%－37.5%）、平（P＝37.5%－62.5%）、枯（P＝62.5%－87.5%）及特丰（P＜12.5%、特枯（P＝87.5%－99.9%）年份的时序系列一般周期较长。

呼和浩特市全市境内各河产流区面积19076.7平方公里，其中境内面积12268平方公里；占64.4%。流域多年平均水资源量69749.5万立方米，其中境外流域产流25991.8万立方米，占37.3%；境内自产43757.7万立方米占62.7%。境外产流包含着上游地区发展需利用的资源，境内产流包含着出境河流域（流域面积 1970 平方公里，占境内产流面积 16%），下游发展用水，需向下游输送的出境水量。入境及出境河流的水资源均需作上下游资源分配。上游地区产水现状中入境 23348.8 万立方米，占上游产水的 89.8%，即上游现状利用了所产水量的 10.2%（见表 3-1 和 3-2）。

表 3-1　呼和浩特市各大干流河流流量　　单位：Km², 万 m³

流域	河流名	流域面积		多年平均径流量	不同频率径流量			
		流域	境内		P=25%	P=50%	P=75%	P=95%
大黑河	干流	4287	311.3	12703	15878	7621.8	5081.2	4319
	什拉乌素后河（石闸沟）	342		1658.8	2087.4	1279.5	840.9	577.1
浑河	干流	2044		7767.2	9787.5	6990.5	4893.7	3029.2
	前石门沟	321		1219.8	1537.8	1097.8	768.5	475.7

表 3-2　呼和浩特市各旗县天然地表水资源量表　　单位：万 m³

旗县	W_0	W_{50}	W_{75}	W_{95}
武川	12627.4	9489.1	6186.3	4334.2
土左旗	4261	3320.5	2185.2	1506
托克托县	232.7	197.7	138.7	78.1
和林县	12268	10663.6	7649.1	4736.2
清水河县	12027.6	10755.1	7429.3	4560.2
全市	43757.7	36248.9	24788.2	16040.8

从水资源组成来看，目前呼和浩特市水资源由地表河川径流、地下水资源及黄河过境水三部分组成。注入黄河的一级支流有大黑河、浑河及杨家川三条。各河流径流主要来自于汛期降雨，全年径流量的 70%—80%，集中在 6 到 9 月份，其他多数时间干枯，多属于季节性河流。长期以来，主要依靠抽取地下水来满足工业生产和居民生活用水的需要。

呼和浩特市现状年（2005 年）地表水资源量为 116077 万立方米，地下水资源为 89447.2 万立方米，地表径流量为 70949 万立方米，过境水分配量为 52300 万立方米，可利用水资源量为 182117 万立方米。人均占有水资源量450立方米，是全国人均水资源量的1/6，为全国严重缺水城市之一。"引黄入呼"工程将从根本上解决呼和浩特市的缺水问题。呼和浩特市"引黄入呼"工程的开展，使境外引入的黄河水成为呼和浩特市未来第二供水水源。1984年，呼和浩特市政府正式提出"引黄入呼"以解决"水荒"问题。1998年"引黄入呼"工程正式开工，工程建设分两期进行，工程设计规模为日供水量40万立方米，总投资17.47亿元，第一期工程日供水量20万立方米，于2002年11月完工；第二期工程达到设计规模，已于2003年年底完工。2003年呼和浩特市日供水能力为38.3万立方米，"引黄入呼"一期工程正式供水后，呼和浩特市关闭了市内的部分水厂和城郊的地下水源井，但供水规模却达到了当年供水量的两倍以上。据呼和浩特市水务部门预测到2010年"引黄入呼"工程日供水量将全面实现设计规模达到47.94万立方米/天，到2020年将达到57.6万立方米/天。

从已建工程来看，呼和浩特市已建水利工程27400处，其中，蓄水工程32座；提水工程184座；引水工程124座；水井工程27053眼。建成乌素图、面铺窑、什不斜气小型水库等塘坝工程3座，总库容1028万立方米，万亩以上灌区11处，千亩以上灌区4处，灌区内扬水站4处，配套机泵20台，装机容量709千瓦；建成二道河、涌丰、黄合少、面铺窑、奎素、古路板、哈拉更、坝口子、东、西乌素图等山区及沿山一带截伏流工程11处；机电井3049眼，其中自来水供水井139眼，企业单位自备水源井2323眼，深层承压水开采井726眼；自来水厂7座，自来水供水管网线365公里；建成污水处理厂一座，且处理能力达15吨/天。这些工程的建立，基本上保证了呼和浩特市社会经济发展的需求。

第二节 水资源特征评价

一、水资源总量贫乏，人均地均不足

区域境内多年平均降水量430.00毫米，降水总量9.28×10^8立方米，形成地表径流2.61×10^7立方米，多年平均地表水可利用量为1.27×10^8立

方米，20%保证率的地表水可利用量为 1.96×10^8 立方米，50%保证率的地表水可利用量为 1.16×10^8 立方米，75%保证率的地表水可利用量为 4.23×10^8 立方米，95%保证率的地表水可利用量为 2.04×10^7 立方米，扣除地表水与地下水的重复计算量 1.24×10^7 立方米，地下水资源可利用量为 2.05×10^8 立方米，当地自产天然水资源量为 2.08×10^8 立方米，多年平均入境水量为 1.32×10^8 立方米，水资源可利用总量为 3.32×10^8 立方米，水资源总量相当贫乏。按区域单位面积和人均来算，单位面积自产地表水资源量为 1.21×10^4 立方米/平方公里，加入境水量，单位面积拥有地表水资源量也仅为 7.36×10^4 立方米/平方公里，仅相当于全国平均水平的 26.10%，即不足其 1/3；人均地表水资源量 150.60 立方米，为全国人均水平的 6.30%。从地下水资源来看，区域境内平均总产水模数 1.24×10^5 立方米/亩·平方公里，平均可开采模数 9.54×10^4 立方米/亩·平方公里，人均拥有地下水资源量仅相当于全国人均水平的 10.40% 左右。可见，无论区域水资源总量还是地表水和地下水人均地均都较贫乏。

二、水资源年际和年内变化较大

呼和浩特市地处东南季风的边缘，径流主要靠降水补给，降水年际变化幅度较大，最丰年 1959 年降水量为 929.7 毫米，是最枯年 155.1 毫米的 6 倍，年径流变差系数 Cv 值较大，一般在 0.31~0.38，Cs 值一般在 0.97~1.24；降水量年内分配不均，汛期一般发生在 6-9 月份，汛期四个月降水量约占全年降水量的 77%，丰水年更大；丰枯交替出现，且连续发生，枯水连续的时间一般为 2~3 年，最长可达 7 年。因此，必须加强水利设施建设，才能缓解这种变化较大的局面。

三、水文地质条件优越

区域位于大青山洪积倾斜平原上，地形北高南低，平原上堆积了巨厚的第四纪松散岩类，有利于大气降水的直接入渗；北部以大青山山前断裂为界，容易接受山区基岩裂隙水的侧向补给。此外，北部大青山山地丘陵区分布有许多大小不等的沟谷，沟谷内的地表水也直接补给地下水。所以该地地下水补给源充沛。同时区域储水构造、径流条件较好，使得该地地下水资源容易利用，浅层地下水单位用水量约为500立方米/天，深层地下水单位用水量约为500~1000立方米/天。

第三节 水资源开发利用中存在的问题

一、水资源逐年减少，供需矛盾日益突出

区域内地表水资源可利用量主要由大黑河入境水量构成，据监测资料表明，大黑河干流多年入境水量由80年代初期的1.44×10^8立方米减少到2000年初的1.01×10^8立方米；在红山口、三卜素、罗家营一线至大青山一带浅层水已基本疏干，疏干面积约130平方公里，深层水在大青山哈拉沁至陶思浩南附近已下降到顶板以下3米左右，疏干面积近90平方公里，区域地表水和地下水均呈减少的态势。而从90年代初期到现在区域人口增长了近一倍，地区生产总值翻了13倍多，目前年总需水量达到2.85×10^8立方米，而可供水量仅为2.47×10^8立方米，缺水量为3.78×10^7立方米，缺水率达13.26%。可见，贫乏且逐年减少的水资源和高速的人口经济增长导致供需矛盾日趋突出，水资源的短缺已成为制约呼和浩特市社会经济发展的"瓶颈"。

二、地下水过度超采，水位持续下降

地下水系统是地域表面生态系统的一部分，同时又是一个较为敏感脆弱的生态系统。呼和浩特市地表水受气候影响波动较大，可利用量较少，占水资源可利用量的38.35%，各类用水几乎都靠开采地下水，地下水成为区域最重要的用水来源。由于地下水长期处于超量开采状况，补用失衡，致使水环境遭到破坏，地下水位逐年下降，60年代年降速为0.27米/年，70年代年水位急剧下降，80年代年水位降速为1.82米/年，水位下降影响区由80年代的200平方公里，增长到90年代中期的800平方公里，平均增长率为60平方公里/年，平均降率达1.74米/年，累计降幅22~25米，在集中开采区水位下降26米多，承压水线南移5平方公里多。到目前为止，以孔家营西水厂一带为中心的区域漏斗，中心水位已降到1020米以下，深层水下降至顶板以下近3米；从1976~1999年24年间，在城市供水水源区开采漏斗中心累计下降85米左右，浅层水超采2.09×10^7立方米，占可开采量的19.2%；深层水超采1.69×10^7立方米，占可开采量的17.5%，局部地区已由承压水变为层间自由水，多数自流水不能自流。过量超采地下水资源，不但消耗大量弹性释放量，而且袭夺了山前倾斜平原上的潜水，导致沿山前地段潜水水位大幅度下降，对地下水环境系统、生态系统动态平衡造成破坏性影响。

三、用水效率低，浪费严重

从农业用水方式来看，大部分地区仍然采用传统的大水漫灌方式，农灌用水系数偏低，如：大黑河渠灌区渠系利用系数约0.48左右，山前平原渠灌区渠系利用系数约0.46左右，亩均灌水量与西北干旱地区农作物灌溉定额（500立方米/亩）持平，是实际需水量的2倍多，用水效率低，水资源浪费十分严重；从工业用水方式来看，工业万元产值耗水量500~1000立方米，高出全国平均水平2~3倍，水的重复利用率仅在20%~30%，远远低于发达地区；同时，区域综合生活用水定额为210.6升/人·天，是我国北方同类城市的1.2倍，城市节水器具的使用率仅在20%左右，且一些地区供水设施质量低劣，加之管理疏漏，公共场所跑、冒、滴、漏现象时有发生。

四、水污染加剧，水环境日益恶化

区域地表水和地下水均属于重碳酸盐型水，水质优良。然而由于区内人口和经济的高速增长以及环保管理乏力，造成水污染加剧，水环境日益恶化。据环保部门统计，区域年排放污水总量达8.0×10^7立方米，污水处理率不足25%（仅为一级处理），其中工业废水排放总量为2.7×10^7立方米，工业废水处理率仅为13%，大量未经处理的废水直接排入河道和渗井、渗坑，加之近郊过量施用农药和化肥，使河道水体和地下水受到严重污染。据城市供水水源区水环境监测评价显示，地表水体的西河、小黑河、大黑河等主要河段均受到严重污染，主要污染指标如溶解氧、高锰酸盐指数、BOD、氨氮、亚硝酸盐氮、汞、石油类等均超标，其中氨氮、石油类污染高出标准值十几倍甚至上百倍，所有河段现状功能均在Ⅴ类以上，地下浅水井也有58%受到了不同程度的污染，水污染程度可见一斑。

第四节 水资源供需现状

一、供水现状

呼和浩特市的供水水源主要以地下水为主，地表水供水量相对较少。因为境内地表水除大黑河、浑河外，其余均为季节性河流，水量集中于汛期，清水量较少，洪水峰大量小，含沙量多，多用于农业灌溉，而地下水水质较好，所以多用于生活和工业用水。经调查统计，现状年（2005），呼和浩特市的总供水量为92408万立方米，其中农业供水量占总供水量的71%，占的比重最多，其次是城镇生活供水量占22%。工业供水量只占7%。呼和浩特市区主要依靠自来水和自备井供水，日供水量为33万立方米，全年供水量为12203万立方米。现状年（2005年）各类工程供水总量为92408万立方米，分别为：蓄水工程供水、引水工程供水、机电井供水、机电站及水轮泵供水、其他工程供水（见表3-3）。

表3-3 呼和浩特市各类工程供水量

单位： （万立方米）	蓄水工程供水	引水工程供水	机电井供水	机电站及水轮泵供水	其他工程供水
农业供水量	2215	12867	42761	7722	0
工业供水量	0	302	6302	0	0
城乡生活供水量	0	299	16941	59	240
总计	2215	13468	68704	7781	240

二、用水量现状

现状年（2005年）各部门总用水量91420万立方米，主要用水部门为农田灌溉用水量、城乡生活用水量、工业用水量、牲畜用水量和生态环境用水量。现状年，农田灌溉用水量占的比重较大，农田灌溉用水已达到65565万立方米，是工业用水量的10倍，生活用水量的5倍左右。由图3-1可以看出，在现状年，灌溉用水量占的比例最多，占总用水量的71.7%，其次是城乡生活总用水量占总用水量的19.2%，（其中城镇生活用水量占城乡生活总用水量的15%，乡村生活用水量占4.2%），工业用水量占总用水量的7.2%，生态环境用水量占总用水量的比重最小，才0.2%。所以需要调整各部门间的用水量。

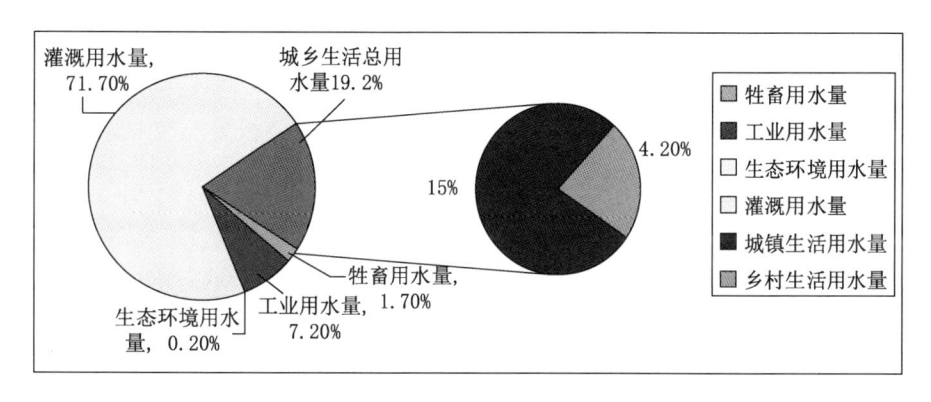

图3-1 现状年部门用水量比例图

第四章 水资源供需平衡预测

在充分收集整理资料的基础上，对呼和浩特市（即市辖赛罕区、新城区、回民区、玉泉区四个市区及土默特左旗、托克托县、武川县、和林格尔县、清水河县五个旗县）水资源进行供需平衡预测，重点对呼和浩特市区的社会经济发展与水资源之间的供需矛盾进行研究，分析提出在水资源开发利用方面的对策，具体方法如下：

调查收集呼和浩特市相关水系的水文资料。包括区域内所有降雨、蒸发、地表径流及地表水水质；收集区域内水文地质资料，地下水水位埋深、变幅、地下水水质资料；查明区域内水资源量，包括地表水资源量、地下水资源量和水资源总量，分析评价水资源量及其特点。

运用公式法和系统动力学预测未来呼和浩特市水资源在高、中、低不同方案下水资源的供需状况，从而进行水资源供需平衡分析。

在区域水资源合理配置成果的基础上，从节水和水资源开发利用保护的角度出发，以切实有利于区域可持续发展为目标，研究提出呼和浩特市应优化健全水利工程建设布局和水资源统一管理机制，建立和完善呼和浩特市水资源开发利用和保护的工程体系，为呼和浩特市建立节水型社会提供科学参考。

第一节 水资源供需评价的基本原则

区域水资源供需平衡分析的目的是揭示区域水资源供需关系的内在规律和主要矛盾，探讨水资源开发利用的途径与潜力，为水资源合理配置提供科学依据。

区域水资源供需平衡分析的任务主要有以下几个方面：分析研究区域水

资源的动态需缺变化情况，在水资源配置方案下，依据不同时期不同部门的需水要求，按照预测可能达到的节水水平，水利供水工程的供水能力，污水处理回用能力，系统地进行地表水和地下水的联合调度和分配，并研究水资源供需平衡，在结合分析和总结各方案余缺基础上，得出全区域水资源的供水量和缺水量，并分析其变化趋势；弄清各水平年配置方案的供需平衡情况；研究各配置方案下开源节流、污水处理回用等措施的最优组合；系统分析拟建中那个水利工程对当地水资源状况、结构以及布局的影响，并提出各水平年的实施方案。

以往对水资源进行评价时，曾一度停留在供需平衡上，以需定供，缺少对水资源供需之间的矛盾及不协调问题进行深层次的分析，尤其是在需大于供的情况下，更不能对缺水原因做出判断，从而影响了采取正确的举措，即不能从单纯的扩大水源着手。因此缺水地区的水资源供需分析评价必须制定一套进行评价的原则和指标体系。经济社会发展必然对水资源的供给量提出新的要求，水资源条件和供给能力及管理水平等对经济社会的发展又有深刻的影响。因此，经济社会发展指标的预测，应充分考虑水资源条件（承载能力、利用状况）的影响。

根据呼和浩特市的水资源情势，本次规划经济社会发展指标预测的原则为：实施可持续发展战略，实现人口、资源、经济和环境协调发展的原则；节水优先，产业结构综合调整，发展节水型首府城市经济社会体系的原则；局部与整体、近期与远期相结合的原则。在预测的时候主要是采取系统动力学的方法进行预测。同时根据国民经济各部门需水的特点，在进行预测时，既要考虑一定的前瞻性，也要注意考虑技术进步等因素，这两方面会对预测结果产生很大影响，比如工业用水，就有可能随着技术的进步而耗水减少。

一、供需综合评价的原则

区域水资源供需状况的优劣，不能仅仅看该地区水资源的丰富与否，供给能否满足需求等等，而应该综合评价供需之间的关系，如水资源充足，完全能满足工农业生产及人民生活需水的要求固然是较理想的供需关系，但是如果用水不当，造成浪费，这样的关系仍然需改善。反之，即使有些地区供水水源并不充沛，但由于合理的配置，使有限的水资源得到高效的利用，这样的供需关系有可能是最佳的。

二、协调发展的原则

资源对经济发展、环境治理及社会的稳定起着重要的作用，但水资源的开发利用又与上述因素相互制约，如水资源的不足限制着经济的发展，不合理的开发利用水资源会出现社会与环境的负面效应。反之，经济发展对水资源无限量的要求，以及环境得不到治理又可使水资源枯竭和水质恶化。水资源的开发利用还必须与产业的布局与结构相协调，在水资源缺乏的地区发展高耗水产业，所出现的供需矛盾显然是由这种不协调造成的，不同地区之间应查清他们之间的供需特征及差异。协调不同地区的水资源问题，在水资源可持续利用原则的指导下，保证未来发展对水资源量与质的要求，避免只顾当前，破坏资源，破坏环境的发展模式。因此，在进行供需评价时，必须考虑上述的关系。

三、效益与环境统一的原则

水资源是一种商品，它是有价的，其开发利用必须要讲究效益，其中既包括水资源开发利用后所产生的经济效益，同时也应包括水资源开发利用及运营中的商品效益，水资源效益的取得是依靠它的合理利用，而不是以牺牲环境为代价的（负效益），所以两者必须统一起来，既要取得水资源的高效益，又要保护好水环境。

四、量化及可对比的原则

为了能够直观的评价水资源的供需状况，对其进行量化分析是十分必要的，即用一套指标体系来反映供需的优劣状况及存在的问题，并对指标进行归一化处理，使不同方案的供需状况可进行对比。

五、层次分析的原则

供需状况的分析不仅仅是经过供与需的统计数字罗列计算，得出是否缺水，缺多少水的结论，而应该进行更深层次的研究供需状况，从表面开始逐层分析，最终得出不同地区供需矛盾的性质、类型及产生的原因，为制定对策奠定基础。

第二节 公式法供需平衡预测

现状年（2005年），从呼和浩特市各部门供水量与用水量分析情况来看，供水量略大于用水量，各部门间的供水量和用水量存在着不平衡，农业供水量占的比重大，其中灌溉用水量占的比重很大，其他部门占的用水量比重小，表明目前呼和浩特市的水资源大多用在农业灌溉上。由于农业灌溉用水的不合理利用、生活用水和工业用水的污染和浪费现象的加剧，导致了该地区地下水长期超采而引起地下水位下降、地表水和浅层水水质污染严重，水资源浪费十分普遍。今后随着人口的增长、经济的发展，水资源用水量需求也越多，供水难以满足用水。所以必须采取合理的措施来调整用水量的不平衡，优化配置呼和浩特市水资源。

一、供水预测

结合现状与规划的供水工程及河流天然来水情况，分类分别计算 p=75% 来水保证率下的工程可供水量；根据雨洪利用规划来确定城市雨水利用量，根据污水回用规划来确定污水回用量。城市供水按95%的保证率计算，农业供水按75%的保证率计算，可得出不同水平年各种工程的可供水量（见表4-1）

表4-1 可供水量预测结果 $10^4 m^3$

水平年	引黄工程	引水工程	水库	城市雨水	地表水	污水回用	地下水	合计
2010	14600	2350.30	813.96	1008.00	18772.26	10641.83	20495.00	49909.09
2020	14600	0.00	9286.53	1450.00	25336.53	12144.88	20006.27	57487.68
2030	20075	0.00	10639.53	1887.00	32601.53	15264.33	19363.82	67229.68

二、需水预测

根据呼和浩特市区域水资源开发利用现状调查分析资料，在确定生活需水和工业需水保证率为95%、农业需水保证率为75%、三个时点即2010、2020、2030年的管网损失率分别为10%、8%、7%的基础上，运用各类相应的耗水预测公式（见表4-2），采取高低两种方案进行预测得（见表4-3）。

表4-2 各类耗水量的预测公式

用水部门		公式	公式描述
工业		$q_2 = q_1 \times (1-\alpha)^n (1-\eta_2)/(1-\eta_1)$ $W_1 = X \cdot q_2$	q_1、q_2为预测始末年份的万元产值取水量；η_1、η_2为预测始末年份的重复利用率；α为工业技术进步系数（一般取值为0.02~0.05）；W_1为工业需水量；X为工业产值。
生活	城市生活	$Q_{生活净} = 365qm/100$	$Q_{生活净}$为生活净需水量（$10^4 m^3/a$）；q为人均生活需水定额（L/人·d）；m为城镇居民人数（万人）。
	农村生活	$Q_{生活净} = \sum_{i=1}^{3} 365 q_i m_i /1000$	$Q_{生活净}$为生活净需水量（$10^4 m^3/a$）；q_i为人（畜）生活需水定额（L/人·d）；m_i为农村人口或牲畜数量（万人或万头、口）。
农业		$Q_{需} = \sum_{i=1}^{4} F_i \cdot M_i$	$Q_{需}$为农业需水量（万m^3）；F_i为面积（大田、蔬菜、林草、渔业面积）（万亩）；M_i为用水定额（m^3/亩）。
生态		$W = F \cdot M$	W为绿化或娱乐需水量（万m^3）；F为绿化灌溉面积或娱乐水面面积（万亩）；M为用水定额（m^3/亩）

表4-3 需水量预测结果　　　　　　　　unit: $10^4 m^3$

方案	水平年	工业	城镇生活	城市生态	农村生活	农业	合计
低方案	2010	17182.85	11096.80	1926.79	1202.65	18500.00	49909.09
	2020	18141.14	14603.94	2103.01	1469.59	21170.00	57487.68
	2030	19754.23	19043.31	2319.05	1783.09	24330.00	67229.68
高方案	2010	18867.75	14327.23	2084.53	1202.65	18500.00	54982.16
	2020	21860.17	18861.85	2312.01	1469.59	21170.00	65673.62
	2030	26382.43	25121.69	2616.93	1783.09	24330.00	80234.14

三、供需平衡分析

预测结果显示：实行低方案即在中等干旱年（P=75%）时各水平年达到平衡，实行高方案全区域出现严重缺水现象，2010、2020、2030水平年分别缺水5073.07、8185.94和13004.46万立方米（见表4-4），缺水主要出现在工业和城市居民生活用水中，农业用水基本能够得到满足。依据区域水资源条件，实施低方案对于本区域是比较合适的。

表4-4 水资源供需平衡　　　　　　　　　　unit：$10^4 m^3$

方案	水平年	可供水量	需水量	缺水量	缺水率（%）
低方案	2010	49909.09	49909.09	0	0
	2020	57487.68	57487.68	0	0
	2030	67229.68	67229.68	0	0
高方案	2010	54982.16	49909.09	530.07	9.23
	2020	65673.62	57487.68	8185.94	12.46
	2030	80234.14	67229.68	13004.46	16.21

第三节　系统动力学模型供需平衡预测

系统动力学模型（System Dynamics，缩写SD模型）是建立在控制论、系统论和信息论基础上的，以研究反馈系统结构、功能和动态行为为特征的模型。由美国麻省理工学院福里斯特（J. W Forreester）于20世纪50年代中期创立。是一种定性与定量相结合，系统、分析、综合与推理集成的方法，并配有专门的DYNAMO软件，它给模型方针、政策模拟带来很大方便，可以较好地把握系统的各种反馈关系，适合于具有高阶层、非线性、多重反馈、机理复杂和时变特征的系统问题，成为研究大系统运动规律的理想方法。其突出特点是能够反映复杂系统结构、功能与动态行为之间的相互作用关系，从而考察复杂系统在不同情景下的行为变化和趋势，为决策提供支持（图4-1）。

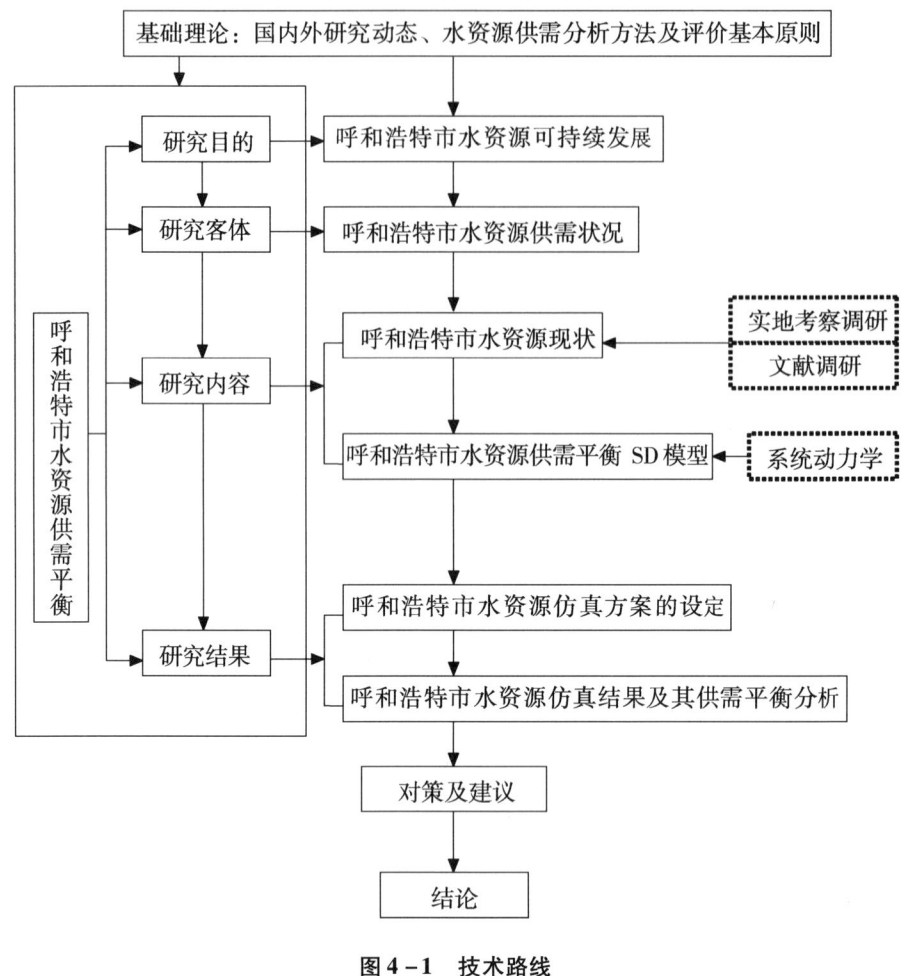

```
基础理论：国内外研究动态、水资源供需分析方法及评价基本原则
                    │
    ┌───研究目的────→ 呼和浩特市水资源可持续发展
    │       ↓
    ├───研究客体────→ 呼和浩特市水资源供需状况
呼   │       ↓
和   │                                    ┌─实地考察调研─┐
浩   ├───研究内容────→ 呼和浩特市水资源现状←┤             │
特   │       ↓                            └─文献调研─────┘
市   │
水   │                呼和浩特市水资源供需平衡SD模型 ← 系统动力学
资   │       ↓
源   │
供   │
需   │
平   │
衡   │       ↓
    └───研究结果────→ 呼和浩特市水资源仿真方案的设定
            ↓
                    呼和浩特市水资源仿真结果及其供需平衡分析
                            ↓
                        对策及建议
                            ↓
                          结论
```

图 4-1 技术路线

一、建立 SD 模型的目的和边界

（一）建立本模型的主要目的

通过 SD 模型的建立，研究影响呼和浩特市水资源供需平衡的主导因素及相关因素，并掌握这些因素影响的程度和它们之间的反馈关系，通过模型的运行与模拟得出在各种条件下呼和浩特市水资源平衡的仿真结果，为呼和浩特市社会经济可持续发展提供科学依据。

（二）空间范围

空间范围包括整个呼和浩特市行政区域，即市辖玉泉区、回民区、新城区和赛罕区四个市区及土默特左旗、托克托县、武川县、和林格尔县及清水河县五个旗县，全市东西长达160公里，南北宽200公里。

（三）预测时间

仿真预测年限为2005—2020年，为减少预测中时间段变化所带来的误差，仿真时间步长定为1年。

二、呼和浩特市水资源子系统分析

（一）人口子系统

人口子系统在呼和浩特市水资源系统中起着生产和消费的双重作用，在不同的城市政策条件下，城市人口的增长率有着很大的变化。城市人口受自然增长率和人口机械转移率的影响，并且人口数量受城市生活用水、人均用水强度和二、三产业规模（产值）的影响。如此，人口的增长必须充分考虑到城市产业发展和用水、用地之间的关系。2003年末呼和浩特市总人口213.9万人，比上年末增长2‰。计划生育成效明显，人口增长得到有效控制。其中市区人口109.6万人，增长11.0‰；旗县人口103.9万人，增长5‰。非农业人口97.8万人，增长11.1‰；少数民族人口26.7万人，增长14.0‰。人口出生率9.0‰，死亡率2.9‰，自然增长率6.1‰，机械增长率为6.9‰，人口密度124人/平方公里。

（二）经济子系统

据国家统计，呼和浩特市2001—2004年连续4年经济增长速度居全国27个省会城市第一，年均增长速度达31%。2002年，呼和浩特市实现国内生产总值316.3亿元，完成年计划的127%，比上年增长31.4%，分别比全国和全区快23.4和19.3个百分点。其中第一产业完成增加值35.6亿元，完成年计划的131.4%，增长27.4%；第二产业完成增加值129.9亿元，完成年计划的115.8%，增长31.4%；第三产业完成增加值150.8亿元，完成年计划的137.5%，增长32.3%。人均国内生产总值14712元，比上年增长30.3%。产业结构有所调整。三次产业结构由2001年的10.7：41.7：47.6演进为11.3：41.1：47.6。城市居民消费价格总水平比上年下降0.3%。而到2003年底，全市国内生产总值406.2亿元（当年价、下同），比2002年增长28.42%，人均国内生产总值1.899万元，其中第一产业为37.23亿元，占总产值的9.2%；第二产业为174.7亿元，占总产值的43%；第三产业为194.2亿元，占总产值的47.8%。2004年全市国内生产总值512.08亿元，比2003年增长26.07%，人均国内生产总值20321元，其中第一产业为42.19亿元，占国内生产总值的8.24%；第二产业为221.61亿元，占总产值的43.28%；第三产业为248.28亿元，占总产值的48.48%。可见加快产业结构调整、促进产业升级，整体推进了国企改革和工业经济的发展，呈现出工业生产快速发展，经济效益显著提高的良好态势。

（三）耕地子系统

土地资源人口承载力研究的是由人与土地资源组成的大系统，作为生产第一性可食生物产品的土地资源，是这一系统的重要因素，土地对人口承载能力的大小，与土地所能提供的生物产品数量有关，而生物产品的数量则是由土地质量高低和数量多少决定的，尤其是与耕地质量和数量有关。呼和浩特市土地资源评价结果表明，呼和浩特市现有耕地中一等宜农耕地为103389.60公顷，占耕地总面积的17.02%；二等宜农耕地208069.17公顷，占34.25%；三等宜农耕地213028.40公顷，占35.06%；四等宜农耕地62391.39公顷，占10.27%；五等宜农耕地20671.92公顷，占3.40%；后备宜农土地23295.67公顷，占全市土地总面积的1.36%。据1997—2003年统计资料，2003年耕地面积为570876.05公顷，比1997年耕地面积减少36839.79公顷，年均减少5262.83公顷，人均耕地面积由0.308公顷降到0.267公顷。其减少原因，一是人口增长，人均耕地减少；二是建设用地占用耕地的现象严重；三是从土地详查到变更调查期间，农业内部用地结构调整，部分宜耕性差的耕地退为林牧用地。

（四）畜牧业子系统

畜牧业系统主要包括天然草场、人工改良草场及农牧结合的青饲料等饲草料地。2003年，草地面积685208.15公顷，占土地总面积的39.82%。其中天然草地6598470.8公顷，占草地面积的96.3%；改良草地3135.58公顷，占牧草地面积的0.46%；人工草地22268.44公顷，占牧草地面积的3.24%。草地用地速率为-0.89%，主要是牧草地开垦为耕地。

（五）水资源子系统

地表水：呼和浩特市地表水主要来自过境的黄河，占全市地表水的75%，境内还有大黑河、小黑河、什拉乌素海、浑河、清水河和古力半几河等河流，除黄河、浑河、清水河、古力半几河其余河流均是季节性河流。呼和浩特市地表水资源量为43757.7万立方米，其中内陆河流于地表水资源量为1570.5万立方米，大黑河、浑河及黄河分别为22613.1万立方米、13332.6万立方米、6242.0万立方米。

地下水：本区地下水资源较丰富，但分布不均匀。从分布规律看，水量由北而南，由东向西逐渐减少，一般来说，大、小黑河流域水量比较丰富，为全市富水区。埋深也较浅，便于开采，部分地区还可以自流灌溉，潜水埋深10—60米；承压水埋深70—100米，涌水量也较大。但是，呼和浩特市中西部的黄河冲积平原，因地下有深厚的湖积沉积物，可开采的地下水较贫乏，地下水天然资源量89447.2万立方米。如此，扣除地表水和地下水重复计算量21994.0万立方米，加上地表水资源分配增量，呼和浩特市可利用水资源量为128601.5万立方米。

三、因果关系分析和因果关系图

因果关系分析就是在系统界限内，描述和分析与问题有关的因素，分析因素之间的相互影响和相互作用。系统中某因素的增加（减少），受其影响的系统其他因素增加（减少）或减少（增加）的关系，就是正关系或负关系。根据生态学、环境科学以及干旱区经济与环境互动作用方面的研究结果，结合对于呼和浩特市的调查研究，构建了呼和浩特市城市化与生态环境互动作用机理的因果关系图（见图4-2）

构建因果关系图的主要思想如下：人口和土地的城市化作为城市化的主要特征，经济发展和产业结构升级是城市化的主要驱动力量；城市化的进程，通过"累积循环"规律影响着结构调整和经济发展；城乡二元结构是城市化不足的主要表现，二元结构导致市场需求不足，进而影响到城市产业的发展；城市化通过影响农村人口的转移和区域整体经济发展，对农业生产方式，农民收入产生重要作用。城市化促进集约地发展种植业和畜牧业，促进节水型农业和生态环境政策的实施，这将有助于解决水资源约束下的经济

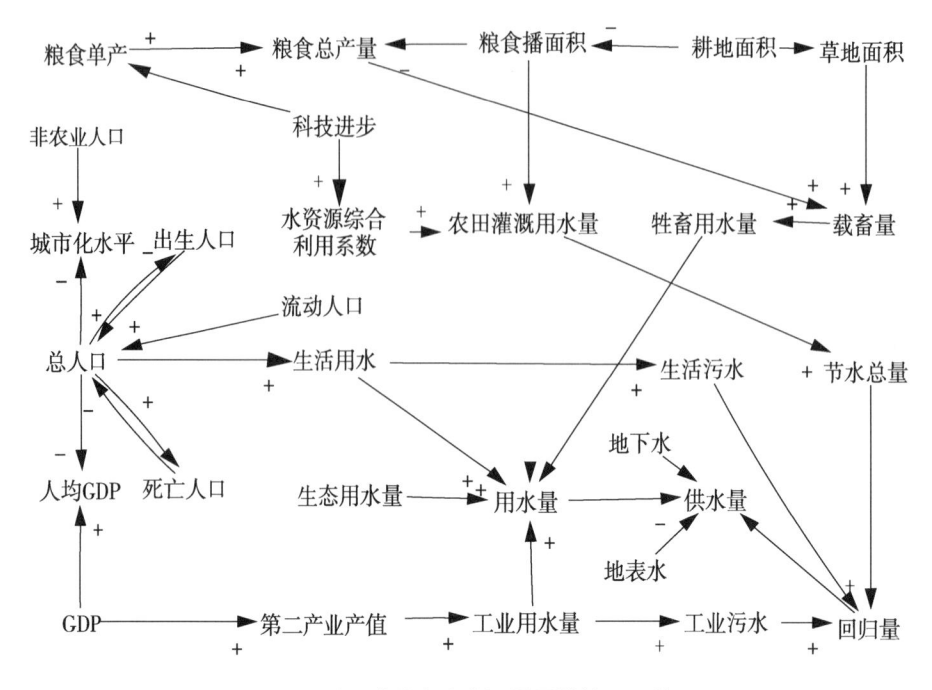

图 4-2 呼和浩特市水资源供需模块因果关系图

发展和生态环境之间的矛盾。城市化的进程，一般伴随着城市生产、生活污染物的增长，随着城市经济总体实力的上升，环保治理力度会进一步加大，城市能源结构进一步调整为环境友好型。城市基础设施的进一步完善，会使基础能源得到集约利用；城市产业结构的进一步调整，将使节水、节能和环境友好型产业得到进一步发展，城市化的过程对于加速地区经济社会的全面进步，减轻水资源对于农业和生态的胁迫。此外，通过对城乡用地结构、城乡居民燃料燃烧排放、工农业"三废"排放强度和总量的分析，城市化加速发展可引起区域污染总排放增速降低；城市化加速发展能使点源污染强度和农村面源污染得到较为有效的控制。经过一段时间的发展，城市经济带动区域经济持续增长，农村人口降低到一定的数量水平，农村人口压力逐步得到缓解，人均收入明显增高。与此同时，实施可行的经济手段，大力发展生态型节水农业，保证在农业单位产值用水强度不变或者减少的情况下，扩大灌溉面积，发挥优势，建设呼和浩特市生态农业基地。基于上述分析，分别对呼和浩特市水资源和经济发展以及环境保护的约束下的城市化与生态要素互动情景和城市化与环境要素互动作用进行情景分析，以提供在不同情景和技术条件下，城市化、经济发展及生态环境之间关系，以及由此产生的各种可能。

四、SD 模型流程图与方程的建立

(一) 水资源供需模块流程图

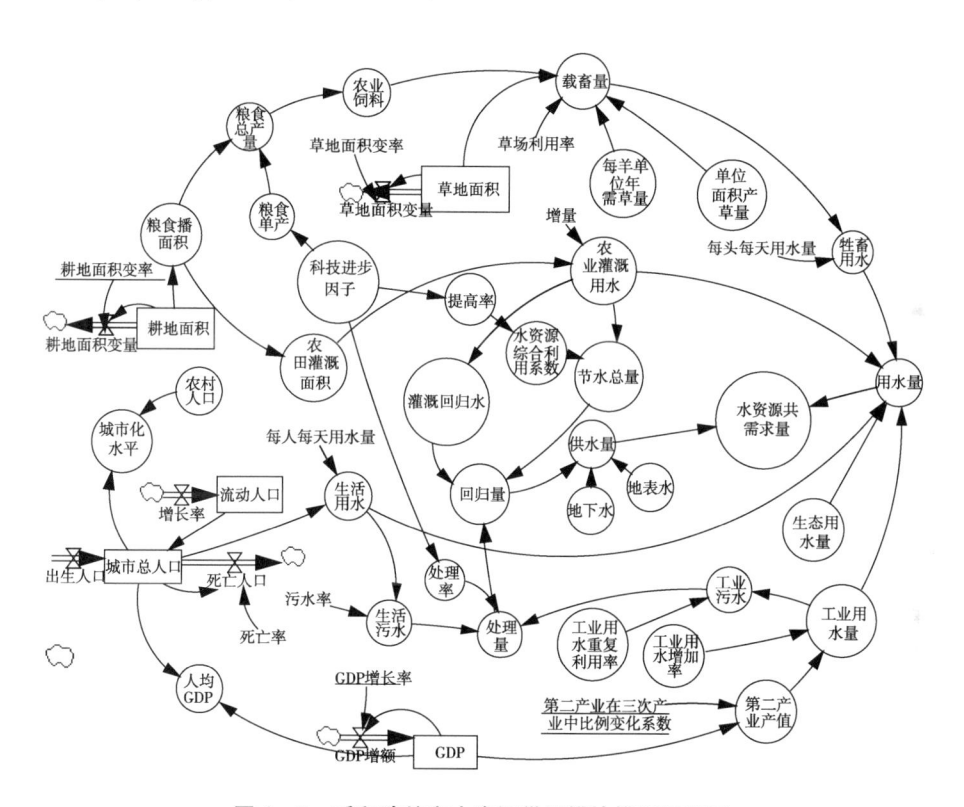

图 4-3 呼和浩特市水资源供需模块模型流程图

在水资源供需模块里，主要考虑水的供水量和用水量，供给主要是地下水、地表水和回归水（由于科技水平的提高，回归水呈增长趋势。）等方面。水的用水量主要分成这样四个方面，即农业用水、工业用水、生活用水和生态用水。

(二) 方程的建立

定量分析系统的动态行为，构建 SD 模型，即系统动力学结构方程式。方程中有关符号的含义如下：L 为状态变量方程；R 为速率方程；A 为辅助变量；P 为参数；G，X，J，GX，XJ 作为时间用来区分时间先后顺序；G 为过去某时刻；X 为现在；J 为将来某时刻；GX 为从过去某时刻到现在这一时间段；XJ 为从现在到将来某时刻这一时间段；DT 为时间步长。则状态方程一般式为：

$dL/dt = f(X_i, R_i, A_i, P_i) = R$

其差分形式为：$X(t+\Delta t) = X(t) + f(X_i, R_i, A_i, P_i) \cdot \Delta t$

1. 人口模块的 SD 模型方程

L　RK. X = RK. G + DT · (NCSRK. GX − NSWRK. GX + NJQRRK. GX)

R　NCSRK. XJ = NRK. X · CSL. X

R　NSWRK. XJ = NRK. X · SWL. X；

式中：RK 为人口数；NCSRK 为年出生人口数；NSWRK 为年死亡人口数；NJQRRK 为年净迁入人口数；NRK 为年末人口数；CSL 为人口出生率；SWL 为人口死亡率。

2. GDP 模块的 SD 模型方程

L　GDP. X = GDP. G + DT · GDPZL. GX

R　GDPZL. XJ = ZLU. X

式中：GDP 为国内生产总值；GDPZL 国内生产总值增长率；ZLU 增长率表函数。

3. 耕地模块的 SD 模型方程

L　GDMJ. X = GDMJ. G + DT · (NGDZL. GX − NGDJL. GX)

R　NGDZL. XJ = NYNHD. X · NKHL. X

R　NGDJL. XJ = NGDMJ. X · NTGL. X

式中：GDMJ 为耕地面积；NGDZL 为年耕地增加量；NGDJL 为年耕地减少量；NYNHD 为年末宜农荒地面积；NKHL 为年垦荒率；NGDMJ 为年末耕地面积；NTGL 为年退（弃）耕率。

4. 畜牧业模块的 SD 模型方程

L　CLMJ. X = CLMJ. G + DT · (NCZMJ. GX — NCJMJ. GX)

R　NCZMJ. XJ = NCCMJ. X · NCCZL. X

R　NCJMJ. XJ = NCCMJ. X · NCCTL. X

式中：CLMJ 为草场利用面积；NCZMJ 为年草场增加面积；NCJMJ 为年

草场减少面积；NCCMJ 为年末草场面积；NCCZL 为年草场面积增加率；NCCTL 为年草场面积退化率。

L BXCL. X = BXCL. G + DT · （NBXZJ. GX — NBXJS. GX）

R NBXZJ. XJ = NBXCL. X · NBXZL. X

式中：BXCL 为标准畜存栏数；NBXZJ 为年标准畜增加量；NBXJS 为年标准畜减少量；NBXCL 为年末标准畜存栏数；NBXZL 为年标准畜增加率；NBXJL 为年标准畜减少率。

5. 水资源模块的 SD 模型方程

A SZYGXPH. X = SZYGS. X – SZYXS. X

A SZYGS. X = DXS. X + DBS. X + HGS. X

A HGS. X = SHWS. X + GYWS. X + JSZS. GX

A SZYXS. X = SHYS. X + GYYS. X + SCYS. X + GGYS. X + STYS. X

式中：SZYGXPH 水资源供需平衡量；SZYGS 水资源供给量；SZYXS 水资源需求量；DXS 地下水；DBS 地表水；HGS 回归水；SHWS 生活污水；GYWS 工业污水；JSZS 节水总量；SHYS 生活用水；GYYS 工业用水；SCYS 牲畜用水；GGYS 灌溉用水；STYS 生态用水。

五、水资源仿真方案的设定及仿真结果分析

（一）水资源仿真方案的设定

水资源供需平衡关系研究受到自然因素、社会因素和政策法规因素等多方面的影响，在不同时期内这些因素本身及其对土地利用的影响都会发生变化，从而导致水资源供需平衡关系也不断地变化。因此，为了保证呼和浩特市水资源供需平衡关系仿真方案的弹性、可调性、可操作性和应变能力，要以动态仿真的观念，从发展的观点出发，根据未来可能出现的社会、经济和政策条件提出不同的方案。以呼和浩特市实际情况和中国未来整体发展情况为基础，首先考虑 GDP、人口和科学技术进步指数的设定，设置仿真方案。此外最优仿真方案由可持续发展的思想指导，以社会—经济—生态系统综合的观念分析评价水资源供需平衡关系。

1. 国内生产总值（GDP）增长

呼和浩特市相关统计资料表明，从 1996—2005 年，GDP 呈不断快速增长趋势，平均年增长率为20%，尤其是2005年GDP为743.66亿元，比上一年增率高31.11%，经济增长率高出全国平均水平二十多个百分点。同时，中国政府的发展规划表明，中国经济如果能够在今后20年保持年均7.2%左右的增长水平，到2020年GDP就能实现在2000年基础上翻两番的目标，基本实现工业化。如果能够在2020至2050年中保持4.7%左右的增长水平，2050年的GDP就能在2020年的基础上再翻两番。而呼和浩特市是后发展地区，发展速度尤为迅速，应处于全国前列位置。根据统计年鉴资料显示，从1996—2005年，用灰色预测模型测算出的第一、第二、第三产业产值平均增长率分别为10.55%、20.22%、40.71%。由此，对呼和浩特市未来十多年的经济发展设定以下3种情况：（1）经济保守发展，到2020年经济发展低于现有增长速度，按中国政府的发展规划表明数据，其发展水平为7.2%；（2）经济稳步发展，到2020年经济发展保持增长速度为10%；（3）经济高速发展，到2020年经济发展增长速度达到12%。

2. 人口增长

人口增长与社会经济发展过程密切交织在一起，只有了解人口的现状和未来发展趋势，才能掌握它在社会经济系统中的地位和作用，协调好与其他系统之间的关系，促进其与经济社会和谐、高效、优化、持续及有序地发展。2002年末全市总人口数为213.5万人，自然增长率6.1‰，人口迁入率为25.6‰，人口迁出率为18.7‰，机械增长率为6.9‰，比上年末增长13‰。2005年全市总人口数为258万人，比前两年增长172‰，平均年增长为57‰，这归功于机械增长率的上升。呼和浩特市近两年经济不断快速增长，吸引了更多的劳动力迁入，机械增长人口呈不断上升态势。因而，总人口也不断快速增长。根据呼和浩特市城市化的进程，结合经济增长与人口增长状况，设定呼和浩特市未来十多年的人口增长，有如下三种方案：（1）低速发展型，即压低自然增长率和机械增长率，人口以较低速增长，总人口增长率15‰；（2）稳定发展型，即在现有水平基础上适当放宽人口发展，允许符合生育二胎政策的独生子女夫妇增加，总人口增长率达到20‰；（3）快速增长型，即采取开放人口政策，放宽现有的机械人口潜入，更多的接纳外来人口，总人口增长率达到25‰。

3. 科学技术进步

由于科学技术的进步其他许多行业也伴随着快速发展。如：呼和浩特市在1996—2005年的8年间粮食单产增长一直处于不平稳状态，上下幅度在225公斤/亩左右，由于体制改革和技术进步的推动，2003年粮食单产提高到历史最高纪录268公斤/亩，已经达到较高的水平。考虑到呼和浩特市基于干旱半干旱的自然基础，土地质量、自然灾害等区域实际状况使得耕地单产在未来持续增加的难度较大，未来区域粮食单产的提高将更加依赖于科学技术进步的推动来提高土地资源承载力。在畜牧业发展上，呼和浩特市"乳业兴市"战略带动整体畜牧业快速发展，"乳业兴市"战略的成功实施，科学技术含量的加大，2005年呼和浩特市第一产业增加值达50亿元，畜牧业产值占第一产业比重的50%，比上年增加6.1个百分点。全市畜牧业年度牲畜存栏达到257万头（只），大小牲畜总增头数达到94.2万头（只）。呼和浩特市养殖业目前正由过去的多业向单业过渡，养殖规模则不断由小到大，呈现出强势发展的好势头，对呼和浩特市水资源供需上有一定的影响。而且水资源综合利用系数也与科学技术息息相关。

因此，对呼和浩特市未来几年科学技术发展水平主要设定如下3种情景：（1）低速增长型，平均发展速度维持到2020年0.8%的发展水平增长；（2）稳步增长型，发展年均增长率1.0%的速度增长；（3）高速增长型，年均增长率1.2%的速度增长。

在上述发展指数设定以及其他指标变化指数的基础上，对各种指数不同情况进行组合，得到水资源供需平衡仿真方案，考虑到情景的代表性和实际意义，得出高、中、低三种方案（如表4-5）。

表4-5 呼和浩特市水资源供需平衡仿真方案

方案设定	方案说明
高方案	经济高速发展（12%）、人口快速增长型（25‰）、科学技术快速增长（1.2%）
中方案	经济稳步发展（10%）、人口稳定发展型（20‰）、科学技术较快增长（1.0%）
低方案	经济低速发展（7.2%）、人口低速发展型（15‰）、科学技术较慢增长（0.8%）

(二) 水资源仿真结果及其供需平衡分析

表4-6 呼和浩特市水资源供需平衡的主要指标预测值

指标	单位	2005年 现状	2020年 高	2020年 中	2020年 低
城市总人口	万人	258.00	378.66	356.28	310.27
城市化水平	%	54.70	73.45	71.78	67.83
GDP	亿元	743.66	4070.47	3574.65	2110.07
耕地面积	公顷	568830	504264	527629	552002
草地面积	公顷	672736	587421	614668	643090
生活用水量	亿 m³	1.13	1.66	1.56	1.36
工业用水量	亿 m³	1.25	3.50	2.75	2.50
农业用水量	亿 m³	8.74	9.21	9.25	9.31
生态用水量	亿 m³	1.03	1.11	1.13	1.15
用水量	亿 m³	12.16	15.68	14.86	14.32
供水量	亿 m³	14.54	15.19	14.92	14.94
回归量	亿 m³	1.68	2.33	2.06	2.08
水供需差	亿 m³	2.38	-0.48	0.06	0.62

1. 高方案分析

即高速增长型，经济高速发展（12%）、人口快速增长型（25‰）、科学技术快速增长（1.2%）。在此种方案下，预测到2020年呼和浩特市总人口为378.66万人，从而生活用水提高，高达1.66亿立方米，使生活用水量远远高于中低方案的生活用水量；城市经济高速发展，城市化水平可以达到73.45%，GDP高达4070.47亿元，远远高于中低方案；同时由于城市化水平的提高，第二三产业迅速发展，使呼和浩特市耕地面积、草地面积与其他方案相比均有所减少，耕地面积为504264公顷，草地面积为587421公顷，从而使农业用水量降低，仅为9.21亿立方米。但从用水总量来看，农业用水仍然是呼和浩特市主要的用水量；由于城市化水平提高，主要体现在工业用水上，工业用水量为3.50亿立方米，远远高于中低方案中的工业用水量。在高速增长型方案中，预测到2020年，总用水量为15.68亿立方米，总供水量为15.19亿立方米（其中包含回归量2.33亿立方米），水资源供需差为

-0.48亿立方米。也就是说，在此种方案中，要实现如此高的经济增长速度，呼和浩特市目前的供水量是难以保证的，会出现水资源短缺现象。同时，此方案片面追求经济高速增长和地区自然资源大规模开发利用，而不予以应有的保护和合理利用，虽然经济取得了暂时性的快速发展，但却是以资源的掠夺性开发利用和生态环境破坏为代价，由此带来的生态破坏后果极为严重，从呼和浩特市可持续发展角度考虑是一种不可取的方案。

2. 中方案分析

即稳步增长型，经济稳步发展（10%）、人口稳定发展型（20‰）、科学技术较快增长（1.0%）。在此种方案下，预测到2020年呼和浩特市总人口为356.28万人，人口稳步增长，使生活用水量介于中低方案的用水量，生活用水量为1.56亿立方米。城市经济较快发展，城市化水平为71.71%，GDP为3574.65亿元，略低于高方案的4070.47亿元。同时由于城市化水平的提高，第二三产业迅速发展，使呼和浩特市耕地面积、草地面积较低方案相比稳步减少（耕地面积为527629亿公顷，草地面积为614668公顷），农业用水量降低，为9.25亿立方米，但从用水总量来看，农业用水仍然是呼和浩特市主要的用水量。城市化水平提高，工业化水平也迅速提高，工业用水量为2.75亿立方米，远低于高方案3.50亿立方米的工业用水量。由于工业发展速度适中，对环境资源合理开发利用，使生态用水量较合理，为1.13亿立方米。在稳步增长型方案中，预测到2020年，总用水量为14.86亿立方米，总供水量为14.92亿立方米（其中包含回归量2.33亿立方米），水资源的供需差为0.06亿立方米，既保证了城市社会经济发展用水，同时还有一定盈余。也就是说，此种方案保证了在2020年呼和浩特市城市发展的用水要求，保证了经济的迅速发展，是一种理想状态的理想用水状况，是呼和浩特市用水的最合理方案。同时，此种方案是在一个合理的资源利用理念指导下，兼顾人口、环境和经济社会协调发展的资源利用模式，既使呼和浩特市经济得到了迅速发展，同时也保护了现有的资源环境，有利于呼和浩特市经济的持续健康发展。

3. 低方案分析

即低速增长型，经济低速发展（7.2%）、人口低速发展型（15‰）、科学技术较慢增长（0.8%）。在此种方案下，预测到2020年呼和浩特市总人口为310.27万人，人口增长缓慢，用水量较低，居民生活用水仅为1.36亿立方米，远远低于高方案中的用水量。城市经济发展较慢，GDP仅为2110.07亿元，远远低于高方案的4070.47亿元，相差高达1960.4亿元，是低方案的92.9%，不适应目前呼和浩特市城市经济发展状况。同时由于第二三产业发展缓慢，仍停留在较原始的农牧业经济时期，农业用水量较多，达到9.31亿立方米，而工业用水量仅为2.50亿立方米，远远低于高方案中3.50亿立方米的工业用水量。由于经济发展缓慢，城市化水平低，资源环境保护完好，使生态用水量高达1.15亿立方米。在快速增长型方案中，预测到2020年，总用水量为14.32亿立方米，总供水量为14.94亿立方米（其中包含回归量2.08亿立方米），水资源供需差为0.62亿立方米。在低速增长型方案中，水资源大部分应用于农业用水量中，为65.3%，而工业用水仅占到17.4%，产业结构不甚合理，水资源盈余较多，保护了资源环境，但经济速度发展较慢，城市化水平较低。此种方案把资源与生态环境的保护摆在了重要位置，但却是以放慢经济发展速度为前提，此种经济的增长方式，对维持呼和浩特市生态环境的良性循环起到了一定作用，但不利于呼和浩特市经济的快速发展。从客观上讲与呼和浩特市今后的城市经济社会快速发展的战略不相吻合。

呼和浩特市是内蒙古自治区的首府，政治、经济、文化教育和旅游、金融商贸中心，是我国北方沿边开发地区重要的中心城市，也是中国实施西部大开发战略中重要的中心城市。呼和浩特市是内蒙古呼和浩特—包头—鄂尔多斯"金三角"经济区和自治区中西部对内对外交往的重要门户和产业区，也是内蒙古自治区重要的工业城市，水资源问题严重影响到呼和浩特市未来社会经济的可持续发展。因此，必须理清用水治水管水的思路，建立呼和浩特市水资源的良性循环。

第五章　水安全与经济社会可持续发展研究

水是生命之源，是支撑地球社会系统发展不可替代的自然资源，是人类社会实现可持续发展的物质基础，是国家经济发展的基本条件之一，也是环境的重要组成部分，而且是环境中十分活跃的要素。进入 20 世纪以来，世界人口剧增，工业化和城市化进程的加快，经济的迅速发展，使人类对水资源的需求量急剧增长，水资源的供需矛盾越来越成为各国最为突出的重大问题之一。尤其对那些水资源紧缺的国家和地区来说，水资源已成为关系到生存和发展的战略问题，也是影响国家安全和国际关系的一个重要方面。传统的研究方法已经不能很好地解决水资源引起的经济社会和生态问题。在这样的背景下，不少学者开始从安全的角度思考水资源的问题，由此，水安全浮出水面，水安全及其引发的其他问题逐步引起全球和各国政府的普遍关注。

水安全作为一种新的观念，指的是水的供需矛盾产生对社会经济发展、人类生存环境的危害问题，例如洪涝、溃坝、水量短缺、水质污染等并由此给人类社会造成财产损失、死亡、健康状况恶化以及生存环境的舒适度降低、经济发展受到严重制约等。由于受人类活动的影响，使得水资源减少，污染加剧，改变了水文循环与平衡，使得水体弱化或丧失正常功能，并且降低了水质，不能维持其社会与经济价值，危及人类对水的基本需求，进而引发一系列的经济社会和环境不安全问题。由此看出，水安全应当是这样一种社会状态：人人都有获得安全用水的设施和经济条件，所获得的水满足人体健康的要求，满足生活和生产的需求，同时可使自然环境得到妥善保护，使其良性循环与发展。水安全问题的内涵包括两个方面：一是水质的安全。水质安全是水安全中最基本的层次，也是最为重要的一个层次。粗放的、外延性的经济增长方式是以牺牲生态环境和严重污染水资源为代价的，是造成水质安全问题的主要因素；二是水量的安全。水量安全是指水供给满足水需求，实现水资源可持续利用基础之上的水量安全。水安全的外延指的是由水安全引发的社会经济安全和生态环境安全，以及这些系统下面的子系统如社会经济系统下的粮食安全、政治稳定及国家安全等。水安全是国家和社会安全的重要组成部分，是支持一个国家或地区经济社会正常运行的基础，是经济社会可持续发展的重要保证，是在不超出水资源承载能力和水环境容量的条件下，水资源的供给能够在保证质和量的基础上满足人类生存、社会进步与经济发展、维系良好生态环境的需求。水资源安全是涉及社会安全、经济安全和生态安全等方面的问题，其实质是强调在一定程度上满足社会经济发展对水资源的需求，同时照顾到可持续发展的长远目标，着眼于在一定时间内重构水资源的可持续利用状态，是一种比较客观的水资源开发利用和管理理念。实现水安全的目的就是在现实情况下处理好人与人、人与自然基于水资源关系，这个关系具体体现在水资源可持续利用和社会经济可持续发展及生态环境持续健康的关系上。

近年来，国内外对水安全问题进行了广泛的探讨和研究，产生了很多纲领性的文件和重要的成果，但关注和研究的焦点多集中于水安全的概念和某些保障策略，或者着眼于水安全引起的食物安全和生态环境安全等问题，或者专注于水安全的某个方面，如饮用水安全，但与目前水安全问题的严重性和紧迫性相比，这些研究还远远不够。总的看来，由于尚缺客观的指标体系和量化成果，目前的研究不可避免地在整体性、系统性和可比性等方面显出不足，因此所取得的成果距离实际应用仍有较大差距。鉴于此，水安全的研究应尽快从目前的思辨阶段跨入到量化阶段。

第一节　水安全情势

呼和浩特市是内蒙古自治区的首府，政治、经济、文化教育和旅游、金融商贸中心，是我国北方沿边开放地区重要的中心城市，也是中国实施西部大开发战略中重要的中心城市之一。呼和浩特市是内蒙古呼和浩特—包头—鄂尔多斯"金三角"经济区和自治区中西部对内对外交往的重要门户与产业区，也是内蒙古自治区重要的工业城市。呼和浩特市地处我国北方干旱、半干旱的缺水地区，地表水资源贫乏，地下水资源超采严重，人均水资源量460立方米，仅为全国人均水量的28%，已被列为全国严重缺水城市之一。水资源供需矛盾已成为制约我市经济发展的重要因素。所以研究呼和浩特市水资源安全问题已是迫在眉睫的问题。

一、水安全的主要问题

（一）水污染严重

呼和浩特市的污染物主要来自工业废水、生活污水和农业灌溉的回归水。据监测流经呼和浩特市黄河干流上游水质为Ⅴ类（氨氮超Ⅴ类），重度污染；中游以下水质为Ⅳ类，轻（重）度污染。黄河支流除浑河水质良好外，其他河流如大黑河、什拉乌素河为重度污染，水质为Ⅴ类以下，基本丧失了灌溉功能。水污染超标的主要为化学需氧量、石油类、氨氮、挥发酚以及高锰酸钾盐指数。

呼和浩特市地下水中潜水严重遭受污染，尤其市区范围内的浅层地下水硝酸盐氮、亚硝酸盐氮、挥发酚、细菌总数、大肠菌数等污染指标超过饮用水标准几倍到几十倍，基本不能饮用。深层水水质下降逐渐呈发展趋势。此外土默特左旗哈素海以西的只几梁乡的浅层水中砷含量超过饮用水标准。土默特左旗、托克托县、和林格尔县和武川县部分地区地下水中氟含量大于1.0克/升，超过饮用水标准。

（二）旱涝灾害

旱灾是呼市地区最为频繁，对农牧业生产危害最重的灾害，尤以春旱最为严重，发生频率高达70%以上，1982年、1986年春夏重旱，无法下种，造成灾年。呼和浩特市旱灾基本情况是三年两旱、五年三中旱、六年一大旱，有"十年九旱、年年春旱"之称。不同程度的洪灾年年都发生，平原地区地势平坦，排水不畅，遇暴雨易形成内涝。市区出现暴雨次数最多，1951—1985年35年中，共出现过27次，年均0.8次。

（三）地下水超采，地下水位下降

呼和浩特市是一个主要以开采地下水来作为其工农业及生活用水的地区，地下水开采历史悠久，开采利用规模和程度较高。随着城市现代化建设的高速发展，饮用水及工农业用水量越来越大。长期过量开采地下水，破坏了区域水环境平衡，造成地下水水位多年持续大幅度下降，局部地区出现了地下水疏干区和区域性降落漏斗等环境地质问题。据监测资料显示，潜水含水层水位以 0.1—0.5 米/年的速度下降，承压含水层年平均降速 1—1.5 米/年，区域累计下降 40—50 米，漏斗中心降到 53 米，接近含水层最大深度（60 米）。过量超采地下水资源，不但消耗大量弹性释放量，而且还袭夺了山前倾斜平原上部的潜水，导致沿山一带潜水基本疏干，如不采取有力措施，将会导致水文地质条件与地下水资源出现动态的改变，将对地下水环境系统、生态动态平衡构成破坏性影响。目前多数原自流水区不能自流，原自流水界线南移 15—16 公里，周边地区供水机井开采效率低，农业机井报废，井越打越深等问题。

（四）生态环境恶化

山丘区严重的水土流失、土地沙化，河湖水体污染，城镇地下水超采引发水质变坏，地面下沉，树木枯萎等是本区主要的生态环境问题。其中水土流失是本区危害范围最为广泛的生态问题，呼和浩特市除回民区和土默特左旗外，其余地区都属于国家重点水土流失治理区。2004 年底全市水土流失面积约 8991.15 平方公里，占呼和浩特市土地总面积的 51.75%。以武川县、清水河县、和林格尔县南部最严重。清水河县水土流失面积占县土地总面积的 96%。侵蚀模数 7000—8000 平方米/年，是黄河中上游地区水土流失最严重的旗县之一。水土流失对有限的土地资源和日益低下的土地生产力造成了极大威胁，土壤中的养分随之流失，土地沙化，林草地减少，植被破坏，风沙肆虐，生态失调，涵养水源能力降低，河水泥沙增加，河道淤塞，加剧水、旱灾等灾害发生，也加剧了农药化肥地膜等农业面源对河流、湖泊的污染。农牧业生产低而不稳，人民群众生活长期处于落后、困难状态，甚至危及生存。

（五）水资源匮乏

呼和浩特市地处我国北方内陆半干旱地区，水资源总量为 128601.5 万立方米，人均占有水资源量 460 立方米，是全国人均水资源占有量的 1/6，为全国严重缺水城市之一。呼和浩特市水资源由地表河川径流、地下水资源及黄河过境水三部分组成。呼和浩特市现有大小河沟40多条，除大黑河和浑河外，均为季节性河沟，平时沟水近于干枯。部分旗县（和林格尔县、清水河县、武川县），属于山丘区，地表水不足，地下水污染，水低地高，土地零散，水资源难以利用，城镇供水主要靠水量较小的河谷潜水，现已不能满足城镇生活用水要求，许多村庄仍然以饮用天然降水为主，生存条件十分艰苦。尤为严重的是，由于水资源的不可替代性，水资源存在地区、年度、季节上的不均衡，加之长期缺乏统一的规划和有效的管理，同时用水浪费现象在工农业和日常生活中普遍存在，水污染随处可见，水资源空间分布与产业布局的不匹配致使市区水资源的供需矛盾日趋尖锐和突出，缺水严重影响人民生活和工农业生产，影响了城市经济的可持续发展。缺水导致生态急剧恶化，出现了"有河皆枯，有水皆污"的现象，不少河流"活水变死水"，完全丧失自净功能。地下水是呼和浩特市绝大部分城市工矿企业及农牧业发展的主要供水水源，甚至有些地区是唯一水源，因而在国民经济建设中占有重要地位。由于多年开采、气候变化和人为因素干扰，特别是各种水利工程的修建，使水循环条件发生了很大变化。从而导致了地下水资源无论在数量、质量、环境质量上还是空间分布规律上都发生了很大变化。呼和浩特市地下水可开采量无法保证工、农业发展的需水要求，地下水保证程度为46.7%。现已建成的引黄入呼工程每天供地表水量为40万立方米/天，虽能暂缓水的供需矛盾，但输水距离远，工程投资大，所以全部靠开发新水源，既不可能，也不经济。

二、水安全问题产生的原因

（一）特殊的地理位置、气候和水文

呼和浩特市地处我国北方内陆高原，属中温带半干旱大陆性季风气候。年降水量少、变率大且时空分布极不均匀，对水资源补给量少，地表、地下水动态储量小。河流水系不够发育，河网密度小，大多数河流小而短，水量不大且丰枯明显，地表水贫乏。地下水比较丰富，但分布不均匀。大、小黑河流域地下水为孔隙潜水，水量丰富，埋深也较浅，便于开采，部分地区还可以自流，承压水涌水量也较大；中西部的黄河冲积平原开采的地下水较贫乏；南部丘陵台地，从南向北，地下水埋深逐渐增加，在清水河县以南广大低山区地下水埋深相当深，超过90米，因而造成当地严重缺水。北部山丘区地下水为基岩裂隙潜水，埋深不稳定，涌水量不大。

(二) 水资源高开发低效利用，浪费严重

本市水资源开发利用程度高，市区、土默特左旗和托克托县地下水开发利用程度都超过了60%，城区地下水开发利用程度甚至超过100%，但利用效率却很低。目前呼和浩特市农业用水量所占的比重大，约占总用水量的60%以上，但是农业灌溉工程不配套，大部分灌溉渠道无防渗漏措施，农田灌溉的水有效利用率仅为25—40%，灌溉渠系有效利用系数较低，在0.42—0.48之间，损失水量严重。灌溉方法落后，现基本上还采用漫灌的原始方法，喷灌和滴灌等先进方法很少被采用，这样农业用水将浪费40%—50%的水资源，是造成呼和浩特市地下水水位下降的主要症结。工业用水重复利用率较低，单位产品耗水量大。特别是小型企业，生产工艺落后、管理水平跟不上，单位产品耗水量更大。国外先进企业水的重复利用率可达70%—80%，主要工业领域内已达到95%。而呼和浩特市现在工业用水重复利用率也只有40%—50%。城市人口生活用水定额241升/人·天，在同类地区属高标准。建筑业水浪费也非常严重，市区为了建设一些高楼大厦强行抽取地下水，抽取的地下水量远大于使用量，这样未利用的水就直接排入污水管道白白浪费了。

(三) 水资源意识较为淡薄

一是人们在水资源价值认识上的模糊不清，没有认识到发生水资源危机的严重性，对节约用水的作用没有充分认识，浪费水、不爱惜水的现象大量存在。加之生活用水不定限额，水费相对较低，过低的价格带来使用上的不经济，导致可利用的水资源短期内大量消耗，出现水危机，引发了水资源不安全。二是地区经济增长至上思想造成水危机。各地区强调经济效益，根本不考虑社会效益和环境效益，众多微小的外部不经济行为所构成的集合破坏了环境自身的调节作用。同时引发地区之间、行业之间用水纠纷不断影响社会稳定。

(四) 地区环保法律不健全，环境执法不力

环境法律法规的覆盖范围不全。执法环境较差，有法难以落实。环境执

法能力弱，监测手段落后，科学研究滞后，水平不高。

(五) 水资源开发利用过程中管理混乱

水资源管理的混乱是造成水危机的管理因素。由于认识上的原因、管理体制的落后以及法制建设与实施上的诸多原因，各部门各司其职，水资源处于一种谁都管，谁也管不好的状态。水资源使用中的矛盾与问题急剧增加，行业之间、地方行政区域之间、城乡之间、生产生活和生态环境之间用水冲突不断升级，已经严重影响到经济的发展、行政区域之间的和睦相处、居民生活秩序的稳定甚至生命财产的安全。由于水资源的人工调配投资较大，见效慢，进行投资地区的地方政府难以承担，加上不健全的投资回报体制，致使水资源问题和供需矛盾日趋尖锐和突出。这已严重影响了呼和浩特市经济的可持续发展。

(六) 人类不合理的活动

城市地下水超采严重，水位持续下降，地下水环境恶化。部分工厂没有排放废水管道，采用渗坑排放。城市基本设施建设落后，乱倒生活污水和生活废物，大量污水未经处理直接排入河流湖库及地下，不但污染了有限的地表水资源，而且通过下渗污染了浅层地下水。特别是流经城市、城镇的河流已受到严重污染，城镇周边的地下水污染也日趋严重。农村生活垃圾污染，农药化肥农膜引起的面源污染，畜禽规模化养殖带来的氮磷污染将是未来10年突出存在的问题。水污染不仅破坏了环境，还进一步加剧了水资源紧张的矛盾。

(七) 水价不合理

对水资源价值认识上的模糊不清是影响水安全的一个重要原因。从经济学的角度来考虑，水资源是经济资源，具有使用价值和价值。过低的价格带来使用上的不经济，导致可利用的水资源短期内大量消耗，出现水危机，引发水资源不安全。呼和浩特市现在的水价与供水成本严重背离，廉价供水甚至还存在无偿供水，导致水利设施维护管理资金严重缺乏。

第二节 研究内容、方法与技术路线

一、研究内容

本文根据呼和浩特市的地理位置、自然条件和水文状况的差异，全面分析呼和浩特市存在的各种水安全问题，运用模糊数学中的多层次多目标模糊优选模型对六个旗县区（即市区、土默特左旗、托克托县、清水河县、武川县、和林格尔县。以下简称市区、土左旗、托县、清水河、武川、和林）的水安全状况进行评价，并对评价结果进行综合分析和比较，最后分三种方案对呼和浩特市 2010 年水供需平衡进行预测，并根据评价结果和预测结果有针对性地提出水安全的保障措施，为呼和浩特市水资源的利用开发提供科学依据。

二、资料来源

1. 内蒙古统计年鉴
2. 呼和浩特市经济统计年鉴
3. 呼和浩特市水务局水资源统计报表
4. 内蒙古环保局
5. 内蒙古自治区地图册
6. 乌兰察布盟国土资源
7. 呼和浩特市国土资源
8. 内蒙古师范大学遥感与地理信息系统实验室

三、技术路线

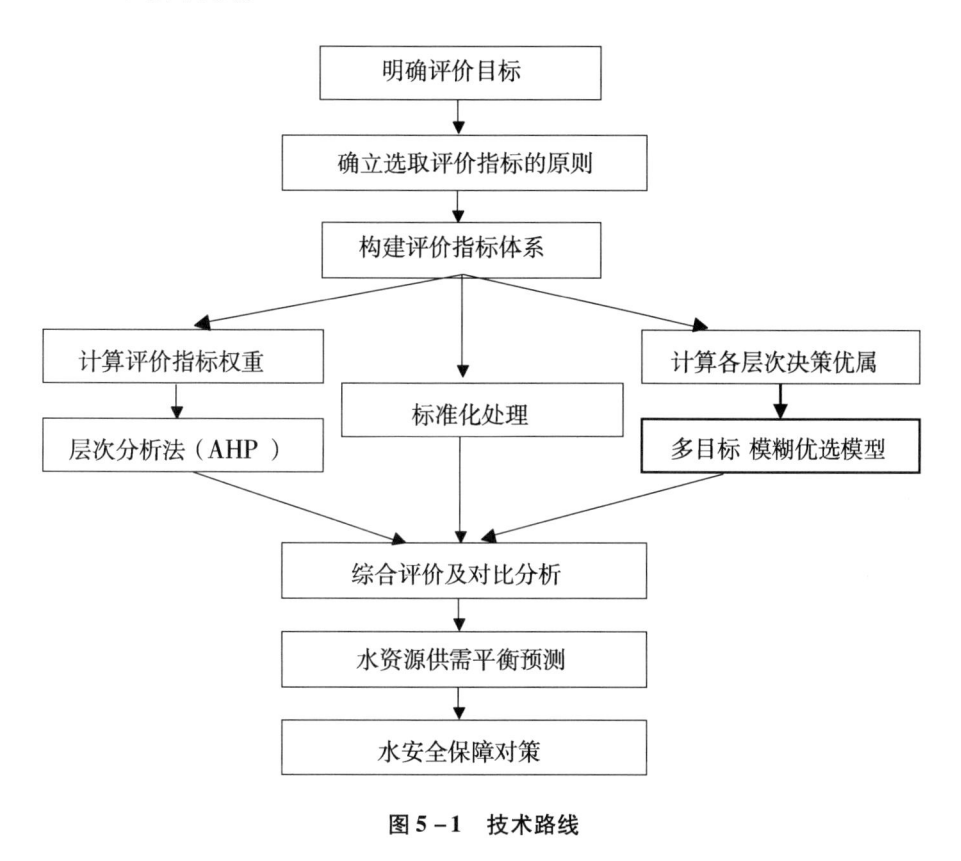

```
明确评价目标
    ↓
确立选取评价指标的原则
    ↓
构建评价指标体系
    ↓
计算评价指标权重 → 标准化处理 ← 计算各层次决策优属
    ↓                              ↓
层次分析法（AHP）              多目标 模糊优选模型
    ↓         ↓         ↓
      综合评价及对比分析
            ↓
      水资源供需平衡预测
            ↓
      水安全保障对策
```

图 5-1 技术路线

第三节 呼和浩特市水安全评价指标体系的构建

一、指标选取的原则

水安全问题涉及的面非常广阔，既有自然性的指标又有社会性的指标，既有动态的指标又有静态的指标，既有定性的指标又有定量的指标，因此水安全评价指标体系必须反映这些特点及其相互关系。从大的方面来讲，既要与国际会议上提出的21世纪水安全所面临的挑战相整合，又必须与呼和浩

73

特市的实际情况相符合。根据前面所述，呼和浩特市的水安全问题主要涉及供水与需水的矛盾、水环境污染、旱涝灾害、地下水超采与环境退化等方面，因此，评价指标体系的构建应该从这些方面考虑。同时，每个大的方面又包括诸多影响和制约因素，为此，构建的指标体系应该具有层次结构。对于指标的选取，主要遵循以下基本原则：

1. 科学性原则。所选取的指标既要反映水安全概念的内涵，又要符合呼和浩特市的实际。虽然目前学术界对水安全尚未有一致的定义，但其包含的某些内容则是比较明确的，尤其是国际上重要会议对水安全的阐述，对评价指标的选取起着指导性作用。

2. 完备性原则。水安全指标体系既要有反映呼和浩特市水污染、旱涝灾害、地下水超采等方面的指标，又要有反映生态、环境、资源等系统的指标，还要有反映上述各系统和因子相互协调程度的指标。

3. 动态性和静态性相结合原则。即指标体系既要反映系统的发展状态，又要反映系统的发展过程。

4. 定性与定量相结合原则。指标体系应尽量选择可量化指标，难以量化的重要指标可以采用定性描述指标，但为了参与计算，必须以某种方式将其量化。

5. 可比性原则。指指标尽可能采用标准的名称、概念和计算方法，做到与其他区域指标的可比性。

6. 可操作性原则。指标体系要充分考虑到资料的来源和现实可能性，因为所需的因子和指标多，指标值搜集整理是一项十分复杂而量大的工作，因而必须考虑资料的可得性，既满足计算评价的需要，又相应降低工作量。

二、指标体系的构建

本文的指标体系共分为四个层次：目标层、准则层、要素层和指标层。

目标层（A）：表示解决问题的目的，即水安全评价的总体目标——实现呼和浩特市水安全，是该指标体系的最高层次。

准则层（B）：确保总体目标实现的主要系统层次。根据国际上对水安全概念的基本界定和主要性质特征的分析，确定了水供需矛盾、生态环境、粮食安全、饮用水安全和控制灾害等五个系统。

要素层（C）：准则层的次要层次。结合水安全问题基本理论和呼和浩特市内部不同区域水安全问题表现的差异性，选择确定水安全评价的主要因素，每一要素又包括若干具体指标。

指标层（D）：指标体系最基本的层次，包括水安全评价的所有具体指标，这些指标是评价呼和浩特市水安全的直接的可度量的重要因子。（见表5-1）

表5-1　呼和浩特市水安全评价指标体系

A 目标层	B 准则层	C 要素层	D 指标层	
水安全 A_1	水供需矛盾 B_1	水资源条件 C_{11}	人均水资源	D_{111}
			亩均水资源	D_{112}
		供水潜力 C_{12}	地表水利用率	D_{121}
			地下水利用率	D_{122}
			客水利用率	D_{123}
		用水量 C_{13}	工业万元产值用水量	D_{131}
			农业用水综合定额	D_{132}
			人均生活用水量	D_{133}
			生态需水量	D_{134}
	生态安全 B_2	水环境 C_{21}	河流水质级别	D_{211}
		生态环境 C_{22}	次生盐渍化率	D_{221}
			水土流失率	D_{222}
	粮食安全 B_3	粮食供给 C_{31}	粮食总产量	D_{311}
			粮食单产	D_{312}
			灌溉面积率	D_{313}
	饮用水安全 B_4	饮用水卫生 C_{41}	需解决饮水人数	D_{411}
			氟病区需解决饮水人数	D_{412}
	控制灾害 B_5	自然灾害 C_{51}	受洪水威胁面积率	D_{511}
			干旱威胁面积率	D_{512}
		控制措施 C_{52}	单位面积需水工程总库容	D_{521}
			堤防保护耕地面积率	D_{522}

第四节 呼和浩特市水安全状况的评价

一、计算评价指标权重

本文运用层次分析法确定各层次的评价指标权重。层次分析法（Analytic Hierarchy Process，又称比较法）简称 AHP 法，是美国著名数学家、运筹学家斯塔（T. L. Saatg）于 20 世纪 70 年代提出的，是一种多目标、多准则的决策方法。这种方法以人们的经验判断为基础，采用定性、定量相结合方法确定多层次、多指标的权重系数。先逐一判断每层次上指标的相对重要程度，并将两两比较判断的结果按给定的比率标度定量化，从而构成判断矩阵，通过计算矩阵的最大特征值及其相应的特征向量，得出该层次指标权重系数的方法称为层次分析法。该方法原理简单，有较严格的数学依据，广泛应用于复杂系统的分析与决策，它把复杂问题中的各因素划分为相互联系的有序层，使之条理化，根据对客观实际的模糊判断，就每一层次的相对重要性给出定量的表示。这种方法的特点是在对复杂的决策问题的本质、影响因素及其内在关系等进行深入分析的基础上，利用较少的定量信息使决策的思维过程数学化，从而为多目标、多准则或无结构特性的复杂决策问题提供简便的决策方法。AHP 法（层次分析法）可以分 4 个步骤：

1. 确定目标和评价因素，即 P 个评价指标：

$$u = \{u_1, u_2, \cdots u_p\} \quad （公式5—1）$$

2. 构造判断矩阵。这一步骤是层次分析法的一个关键步骤，判断矩阵表示针对上一层次中的某元素而言，评定该层次中有关元素相对重要性，其形式如表 5-2：

表 5-2

C_k	D_1	D_2	…	Dn
D_1	d_{11}	d_{12}	…	$D_1 n$
D_2	d_{21}	d_{22}	…	$D_2 n$
…	…	…	…	…
Dn	dn_1	dn_2	…	dnn

其中 d_{ij} 表示对于 C_k 而言，元素 D_i 对 D_j 的相对重要性的值按表 5-3 判断标度取值：

表 5-3 判断矩阵标度及其含义

标度值	含　　义
1	表示因素 u_i 与 u_j 比较，具有同等的重要性。
3	表示因素 u_i 与 u_j 比较，u_i 比 u_j 稍微的重要。
5	表示因素 u_i 与 u_j 比较，u_i 比 u_j 明显的重要。
7	表示因素 u_i 与 u_j 比较，u_i 比 u_j 强烈的重要。
9	表示因素 u_i 与 u_j 比较，u_i 比 u_j 极端的重要。
2, 4, 6, 8	2, 4, 6, 8 分别表示相邻 1~3、3~5、5~7、7~9 的中值
倒数	表示因素 u_i 与 u_j 比较得判断 u_{ij}，则 u_j 与 u_i 比较得判断 $u_{ji}=1/u_{ij}$

3. 计算重要性排序。根据判断矩阵，利用线性代数知识，精确求出 T 的最大特征根所对应的特征向量。所求特征向量即为各评价元素的重要性排序，归一化后，就是权数分配。一般用方根法或和积法，本文采用和积法，其方法和步骤如下：

（1）将判断矩阵每一列归一化

$$b_{ij} = \frac{\tilde{b}_{ij}}{\sum_{k=1}^{n} \bar{b}_{ki}} \quad i=1, 2, 3\cdots n \quad \text{（公式 5—2）}$$

（2）每一列经正规化后的判断矩阵按行相加

$$\overline{W}_i = \sum_{j=1}^{n} \bar{b}_{ij} \quad i=1, 2, 3\cdots n \quad \text{（公式 5—3）}$$

（3）对 $\overline{W} = [\overline{W}_1, \overline{W}_2, \cdots\cdots, \overline{W}_n]^T$ 向量归一化

$$W = \frac{\overline{W}_i}{\sum_{j=1}^{n} \overline{W}_j} \quad i=1, 2, 3\cdots n \quad \text{（公式 5—4）}$$

所得到的 $W = [W_1, W_2, \cdots\cdots, W_n]^T$ 即为所求特征向量。

（4）计算判断矩阵最大特征根 λ_{max}

$$\lambda_{max} = \sum_{i=1}^{n} \frac{(AW)_i}{nW_i} \quad \text{（公式 5—5）}$$

式中（AW）ᵢ表示向量 AW 的第 i 个元素。

所得到的特征向量就是各评价因素的重要性顺序，也即是权系数的分配。

4. 一致性检验。为了检验判断矩阵的一致性，需计算一致性指标 CI =（λmax - n）/（n - 1），和平均随机性指标 RI（由查表 5-4 得出）。

表 5-4　层次分析法的平均随机一致性指标值

M	1	2	3	4	5	6	7	8	8	10
RI	0.00	0.00	0.58	0.90	1.12	1.24	1.32	1.41	1.45	1.49

当随机一致性比率 CR =（CI/RI）< 0.10 时，认为层次分析法的结果有满意的一致性，即权重的分配是合理的。否则，要调整判断矩阵的元素取值，重新分配权重的值。

根据表 5-1 所示的评价指标层次结构，按照 AHP 权重计算方法和程序，在专家打分的基础上，建立了以下判断矩阵，并进行层次单排序和一致性检验，结果如下：

A—B 判断矩阵、层次单排序及一致性检验的结果见表 5-5。

表 5-5

A	B_1	B_2	B_3	B_4	B_5	权重
B_1	1	1/7	1/3	1/5	1/9	0.033
B_2	7	1	5	3	1/3	0.262
B_3	3	1/5	1	1/3	1/7	0.063
B_4	5	1/3	3	1	1/5	0.129
B_5	9	3	7	5	1	0.513

λ_{max} = 5.2371　CI = 0.059　RI = 1.12　CR = CI/RI = 0.053 < 0.1

B—C 判断矩阵、层次单排序及一致性检验的结果见表 5-6、表 5-7、表 5-8、表 5-9、表 5-10。

表 5-6

B_1	C_{11}	C_{12}	C_{13}	权重
C_{11}	1	3	5	0.105
C_{12}	1/3	1	3	0.258
C_{13}	1/5	1/3	1	0.637

$\lambda_{max} = 3.071$ CI = 0.0355 RI = 0.58 CR = CI/RI = 0.061 < 0.1

表 5-7

B_2	C_{21}	C_{22}	权重
C_{21}	1	1/3	0.75
C_{22}	3	1	0.25

$\lambda_{max} = 2$ CI = RI = 0

表 5-8

B_3	C_{31}	权重
C_{31}	1	1

$\lambda_{max} = 1$ CI = RI = 0

表 5-9

B_4	C_{41}	权重
C_{41}	1	1

$\lambda_{max} = 1$ CI = RI = 0

表 5-10

B_5	C_{51}	C_{52}	权重
C_{51}	1	1/3	0.75
C_{52}	3	1	0.25

$\lambda_{max} = 2$ CI = RI = 0

C—D 判断矩阵、层次单排序及一致性检验的结果见表 5-11、表 5-12、

表5-13、表5-14、表5-15、表5-16、表5-17、表5-18、表5-19：

表5-11

C_{11}	D_{111}	D_{112}	权重
D_{111}	1	1/3	0.75
D_{112}	3	1	0.25

$\lambda_{max} = 2$ CI = RI = 0

表5-12

C_{12}	D_{121}	D_{122}	D_{123}	权重
D_{121}	1	3	1/3	0.258
D_{122}	1/3	1	1/5	0.637
D_{123}	3	5	1	0.105

$\lambda_{max} = 3.071$ CI = 0.0355 RI = 0.58 CR = CI/RI = 0.061 < 0.1

表5-13

C_{13}	D_{131}	D_{132}	D_{133}	D_{134}	权重
D_{131}	1	1/3	1/5	1/7	0.565
D_{132}	3	1	1/3	1/5	0.263
D_{133}	5	3	1	1/3	0.117
D_{134}	7	5	3	1	0.055

$\lambda_{max} = 4.118$ CI = 0.039 RI = 0.9 CR = CI/RI = 0.043 < 0.1

表5-14

C_{21}	D_{211}	权重
D_{211}	1	1

$\lambda_{max} = 1$ CI = RI = 0

表 5-15

C_{22}	D_{221}	D_{222}	权重
D_{221}	1	3	0.25
D_{222}	1/3	1	0.75

$\lambda_{max} = 2$　CI = RI = 0

表 5-16

C_{31}	D_{311}	D_{312}	D_{313}	权重
D_{311}	1	1/5	1/3	0.637
D_{312}	5	1	3	0.105
D_{313}	3	1/3	1	0.258

$\lambda_{max} = 3.071$　CI = 0.0355　RI = 0.58　CR = CI/RI = 0.061 < 0.1

表 5-17

C_{41}	D_{411}	权重
D_{411}	1	1

$\lambda_{max} = 1$　CI = RI = 0

表 5-18

C_{51}	D_{511}	D_{512}	权重
D_{511}	1	3	0.25
D_{512}	1/3	1	0.75

$\lambda_{max} = 2$　CI = RI = 0

表 5-19

C_{52}	D_{521}	D_{522}	权重
D_{521}	1	1/3	0.75
D_{522}	3	1	0.25

$\lambda_{max} = 2$　CI = RI = 0

最后得到呼和浩特市水安全评价指标权重，见表5－20。

表5－20 呼和浩特市水安全评价指标权重

A 目标层	B 准则层	权重	C 要素层	权重	D 指标层	权重
水安全 A_1	B_1	0.033	C_{11}	0.105	D_{111}	0.750
					D_{112}	0.250
			C_{12}	0.258	D_{121}	0.258
					D_{122}	0.637
					D_{123}	0.105
			C_{13}	0.637	D_{131}	0.565
					D_{132}	0.263
					D_{133}	0.117
					D_{134}	0.055
	B_2	0.262	C_{21}	0.750	D_{211}	1.000
			C_{22}	0.250	D_{221}	0.250
					D_{222}	0.750
	B_3	0.063	C_{31}	1.000	D_{311}	0.637
					D_{312}	0.105
					D_{313}	0.258
	B_4	0.129	C_{41}	1.000	D_{411}	1.000
	B_5	0.513	C_{51}	0.750	D_{511}	0.250
					D_{512}	0.750
			C_{52}	0.250	D_{521}	0.750
					D_{522}	0.250

二、计算评价指标决策优属度

本文采用模糊数学中的多层次多目标模糊优选模型，对呼和浩特市6个单元系统，即市区、土默特左旗、托克托县、清水河县、和林格尔县和武川县的水安全状况做出定量评价和分析。

(一) 多层次、多目标模糊优选模型方法简介

设多目标决策问题的方案集为 D = (D₁, D₂, …Dn)，目标集为 G = (G₁, G₂, …Gm)，方案 D_i 对目标 G_j 的属性值记为 X_{ij} （i = 1, 2, 3, …, n, j = 1, 2, 3, …m)，矩阵 X = $(x_{ij})_{n×m}$ 表示 m 个目标对 n 个决策评价的目标特征值矩阵

$$X = \begin{bmatrix} x_{11} & x_{12} & \cdots & x_{1n} \\ x_{21} & x_{22} & \cdots & x_{2n} \\ x_{31} & x_{32} & \cdots & x_{3n} \\ x_{m1} & x_{m2} & \cdots & x_{mn} \end{bmatrix} = x_{ij}$$ （公式 5—6）

将矩阵中的特征指标值转化为相应的指标相对隶属度，对越大越优型指标，其隶属度构造为

$$r_{ij} = (X_{ij} - \min X_i) / \max X_i - \min X_i$$ （公式 5—7）

对越小越优型指标，其隶属度构造为

$$r_{ij} = \max X_i - X_{ij} / \max X_i - \min X_i$$ （公式 5—8）

于是可以将上述目标特征值矩阵转化为指标隶属度矩阵：

$$R = \begin{bmatrix} r_{11} & r_{12} & \cdots & r_{1n} \\ r_{21} & r_{22} & \cdots & r_{2n} \\ r_{31} & r_{32} & \cdots & r_{3n} \\ r_{m1} & r_{m2} & \cdots & r_{mn} \end{bmatrix}$$ （公式 5—9）

若将矩阵中每一行的最大值抽出，并称

$R_g = (r_{g1}, r_{g2}, \cdots, r_{gm})$
  $= (\max r_{1i}, \max r_{2i}, \cdots \max r_{mi}) = (1, 1, \cdots 1)$ （公式 5—10）

为理想的优等方案；

若将矩阵中每一行的最小值抽出，并称

$r_b = (r_{b1}, r_{b2}, \cdots r_{bm})$
  $= (\min r_{1i} \min r_{2i}, \cdots \min r_{mi}) = (0, 0, \cdots 0)$ （公式 5—11）

为理想的劣等方案。则任一方案 j 都以一定的隶属度 u_{gj}、u_{bj} 隶属于优等方案 r_g 和劣等方案 r_b，称 u_{gj}、u_{bj} 是方案的优属度和劣属度，可以构成最优模糊划分矩阵：

$$U = \begin{bmatrix} U_{g1} & U_{g2} & \cdots & U_{gn} \\ U_{b1} & U_{b2} & \cdots & U_{bn} \end{bmatrix}_{2 \times n}$$
（公式5—12）

上式满足：

$0 \leq u_{gj} \leq 1$，$0 \leq u_{bj} \leq 1$，$u_{gj} + u_{bj} = 1$，$j = 1, 2, \cdots n$。

设评价指标的加权向量为 $\lambda = (\lambda_1, \lambda_2, \cdots \lambda_m)^T$，$\sum \lambda_i = 1$。为了求解方案 j 相对于优等方案的相对隶属度 u_{gj} 的最优值，建立如下的优化准则：方案 j 的欧氏加权距优距离平方与欧氏加权距劣距离平方之和为最小，即目标函数为：

$$\min \{ F = u_{gj}^2 \sum_{i=1}^{m} [\lambda_i (r_{ij} - r_{gj})]^2 + (1 - u_{gj})^2 \sum_{i=1}^{m} [\lambda_i (r_{ij} - r_{bj})]^2 \}$$
（公式5—13）

其中，方案 j 的欧氏加权距优距离为

$$S_{gj} = u_{gj} \sqrt{\sum_{i=1}^{m} [\lambda_i (r_{gj} - r_{ij})]^2}$$
（公式5—14）

方案 j 的欧氏加权距劣距离为

$$S_{bj} = u_{bj} \sqrt{\sum_{i=1}^{m} [\lambda_i (r_{ij} - r_{bj})]^2}$$
（公式5—15）

求目标函数（4-12）的导数，且令导数为0，得

$U_{gj} = \sum [\lambda_i (r_{ij} - r_{bj})]^2 / \{ \sum [\lambda_i (r_{ij} - r_{bj})]^2 + \sum [\lambda_i (r_{ij} - r_{gj})]^2 \}$

$= \{ 1 + [\sum [\lambda_i (1 - r_{ij})]^2 / \sum [(\lambda_i r_{ij})]^2] \}^{-1}$ （4—15）

上式便是多目标模糊优选模型，其中 u_{gj} 为决策优属度。由于决策系统分为 m 个子系统，于是也便有 m 个模糊关系矩阵（$_i r_{gj}$），可根据式（4-15）将 m 个矩阵中的对应元素逐个地进行合成，得到多目标模糊关系合成矩阵：

$$U = \begin{bmatrix} _1u_{g1} & _1u_{g2} & \cdots\cdots & _1u_{gn} \\ _2u_{g1} & _2u_{g2} & \cdots\cdots & _2u_{gn} \\ \cdots\cdots & \cdots\cdots & \cdots\cdots & \cdots\cdots \\ _mu_{g1} & _mu_{g2} & \cdots\cdots & _mu_{gn} \end{bmatrix}$$
（公式5—16）

矩阵（4-16）称为多目标系统模糊关系优先决策矩阵，这一矩阵与矩阵（4-8）相当，令 $_i u_{gj} = r_{ij}$，便得高一决策层次的模糊矩阵：

$$R = \begin{bmatrix} r_{11} & r_{12} & \cdots & r_{1n} \\ r_{21} & r_{22} & \cdots & r_{2n} \\ \cdots & \cdots & \cdots & \cdots \\ r_{m1} & r_{m2} & \cdots & r_{mn} \end{bmatrix} \quad \text{（公式5—17）}$$

设 m 个子系统的权向量为 $\lambda = (\lambda_1, \lambda_2, \cdots \lambda_m)$，根据式（4-15）可解得系统 n 个系统方案的决策优属度。上面求出的决策优属度可以作为层次 2 中单元系统的计算。如此从底层向高层进行模糊优选的计算，直至最高层次。由于最高层次中只有一个单元系统，可得到最高层单元系统的输出——决策或方案 j 的优属度量：

$$u_j = (u_1, u_2, \cdots u_n) \quad \text{（公式5—18）}$$

求得式（4-18）后按方案优属度从大到小可以选择多层次系统的满意决策与决策的满意排序。由于水安全包括的内容有水供需矛盾、生态环境、粮食安全、饮用水安全、控制灾害等方面，而且各方面的评价指标又具有层次结构，这就使得用采多目标模糊优选理论并结合具有层次结构的水安全评价指标体系对区域水安全进行评价较为合适。

（二）计算评价指标决策优属度

评价指标决策优属度计算过程是从第一层（指标层）开始算起，先对第一层各系统的评价指标计算其各自的权重，再利用求出的各指标权重结合多目标模糊优选模型计算单元系统的决策优属度向量，计算得到决策优属度向量后再计算更高层次的决策优属度，依此类推。某一层次的决策优属度代表各方案（这里分别指六个旗县区）该层次水安全状况隶属于优的程度，决策优属度越大，水安全状况越优。

首先计算六个旗（县）区"水资源条件"的决策优属度，其指标值矩阵为

$$X = \begin{bmatrix} 0.018 & 0.061 & 0.031 & 0.156 & 0.174 & 0.143 \\ 0.300 & 0.190 & 0.151 & 0.293 & 0.228 & 0.256 \end{bmatrix}$$

转化成隶属矩阵，因为两个指标都属于越大越优型，故隶属度构造为

$r_{ij} = (X_{ij} - minX_i) / maxX_i - minX_i$

计算得隶属度矩阵

$$R = \begin{bmatrix} 0.000 & 0.276 & 0.083 & 0.885 & 1.000 & 0.801 \\ 0.618 & 0.162 & 0.000 & 1.000 & 0.320 & 0.436 \end{bmatrix}$$

然后根据式

$$U_{gj} = \{1 + [\sum[\lambda_i(1-r_{ij})]^2 / \sum[(\lambda_i r_{ij})]^2]\}^{-1}$$

计算决策优属度，式中 λ_i 为权重，

$\lambda = (\lambda_1, \lambda_2) = (0.750, 0.250)$

经计算得 $U_1 = (0.040, 0.116, 0.007, 0.985, 0.952, 0.899)$

U_1 为"水资源条件"的优属度向量，再按照上述方法求得"供水潜力"的优属度向量

$U_2 = (0.033, 0.907, 0.132, 0.925, 0.991, 0.870)$

同样的方法得出"用水量"的优属度向量

$U_3 = (0.876, 0.974, 0.718, 0.864, 0.016, 0.999)$

于是构造"水供需矛盾" B_1 层的模糊矩阵为

$$R = \begin{bmatrix} 0.000 & 0.106 & 0.006 & 0.970 & 1.000 & 0.845 \\ 0.033 & 0.907 & 0.132 & 0.925 & 0.991 & 0.870 \\ 0.876 & 0.974 & 0.718 & 0.864 & 0.016 & 0.999 \end{bmatrix}$$

再利用公式

$$U_{gj} = \{1 + [\sum[\lambda_i(1-r_{ij})]^2 / \sum[(\lambda_i r_j)]^2]\}^{-1}$$

计算"水供需矛盾"的优属度向量，式中 λi 为权重，

$\lambda = (\lambda_1, \lambda_2, \lambda_3) = (0.105, 0.258, 0.637)$

经计算得"水供需矛盾" B_1 优属度向量：

$B_1 = (0.797, 0.978, 0.693, 0.979, 0.163, 0.997)$

按照上面的方法和步骤，依次计算出其他每个层次相应的决策优属度，结果分别见表5–21，表5–22，表5–23和表5–24。

表5–21 第一层次各指标隶属度（指标层）

指标（权重）	市区	土左旗	托克托县	清水河	武川	和林
D_{111} (0.750)	0.000	0.276	0.083	0.885	1.000	0.801
D_{112} (0.250)	0.618	0.162	0.000	1.000	0.320	0.436
D_{121} (0.258)	0.439	0.313	0.000	1.000	0.805	0.882

第五章　水安全与经济社会可持续发展研究

续表

指标（权重）	市区	土左旗	托克托县	清水河	武川	和林
D_{122}（0.637）	0.000	1.000	0.305	0.752	0.942	0.697
D_{123}（0.105）	0.417	0.000	0.500	1.000	1.000	0.833
D_{131}（0.565）	0.921	0.842	0.789	0.789	0.000	1.000
D_{132}（0.262）	0.435	1.000	0.000	0.478	0.000	1.000
D_{133}（0.117）	0.000	0.903	0.877	0.980	0.657	1.000
D_{134}（0.055）	0.106	0.697	1.000	0.000	0.417	0.598
D_{211}（1.000）	0.000	0.500	0.250	1.000	0.250	1.000
D_{221}（0.250）	0.738	0.000	0.417	1.000	0.974	0.840
D_{222}（0.750）	0.656	0.773	1.000	0.000	0.140	0.369
D_{311}（0.637）	0.528	0.000	0.561	1.000	0.350	0.449
D_{312}（0.105）	0.293	0.000	0.235	1.000	0.925	0.540
D_{313}（0.258）	0.428	0.415	0.000	1.000	0.971	0.854
D_{411}（0.250）	0.308	0.471	0.348	0.000	1.000	0.408
D_{412}（0.750）	0.760	0.388	0.000	1.000	0.954	0.434
D_{511}（0.750）	1.000	0.824	0.934	0.220	0.000	0.440
D_{512}（0.250）	1.000	0.000	0.262	0.785	0.523	0.262
D_{521}（0.250）	1.000	0.958	0.907	0.025	0.000	0.198
D_{522}（0.750）	0.080	1.000	0.005	0.561	0.000	0.151

表5－22　要素层决策优属度

指标（权重）	市区	土左旗	托克托县	清水河	武川	和林县
C_{11}（0.105）	0.040	0.116	0.007	0.985	0.952	0.899
C_{12}（0.258）	0.033	0.907	0.132	0.925	0.991	0.870
C_{13}（0.637）	0.876	0.974	0.718	0.864	0.016	0.999
C_{21}（0.750）	0.100	0.530	0.085	1.000	0.231	0.998
C_{22}（0.250）	0.796	0.786	0.964	0.100	0.145	0.348
C_{31}（1.000）	0.061	0.729	0.815	0.131	0.849	0.783
C_{41}（1.000）	0.841	0.302	0.013	0.900	0.998	0.366
C_{51}（0.750）	1.000	0.827	0.931	0.160	0.029	0.349
C_{52}（0.250）	0.914	0.998	0.874	0.035	0.001	0.055

87

表 5-23 准则层决策优属度

指标（权重）	市区	土左旗	托克托县	清水河	武川	和林
B_1 (0.513)	0.798	0.979	0.693	0.979	0.161	0.997
B_2 (0.063)	0.090	0.608	0.117	0.917	0.076	0.955
B_3 (0.261)	0.004	0.878	0.951	0.022	0.969	0.928
B_4 (0.129)	0.966	0.158	0.001	0.988	0.999	0.250
B_5 (0.033)	0.999	0.964	0.993	0.031	0.001	0.189

表 5-24 最高目标层次决策优属度

指标	市区	土左旗	托克托县	清水河	武川	和林
A	0.821	0.923	0.790	0.230	0.061	0.298

根据水安全决策优属度的计算过程可知，水安全决策优属度越大，区域的水安全质量状况越好。

三、水安全评价结果分析

（一）旗县区之间水安全状况分析

本文对呼和浩特市所做的水安全评价，并非对全市范围的水安全程度做出绝对的界定，而是对全市范围内的六个单元即市区、土默特左旗、托克托县、清水河县、和林格尔县和武川县的水安全状况做出相对优劣评价，并分析各自水安全问题的共同性和差异性。因此，以上计算结果只是一种相对优劣的表达。从水安全的总体评价来看，水安全形势最好的是土默特左旗，决策优属度最大（0.923），市区、托克托县次之，决策优属度分别为 0.821、0.790，和林格尔县（0.298）、清水河县（0.230）分居第五、第六位，最差的是武川县，决策优属度最小，仅为 0.061。见表 5-24 和图 5-2。可以看出，呼和浩特市水安全形势以位于中部平原区的土默特左旗、市区和托克托县最好，向北侧大青山区的武川县和南侧的和林格尔县、清水河县逐渐由好变坏。土默特左旗、市区及托克托县之间的水安全状况比较接近，和林格尔县、清水河县相差不大，相比较而言，武川县的水安全形势最严峻。究其原因各旗县水安全问题是由水供需矛盾、生态安全、粮食安全、饮用水安全及控制灾害的能力等多种因素引起的，这些因素之间并非独立的现象，而是彼此间相互作用、相互影响，共同决定了各旗县的水安全形势。图5-3基本反映了这种因果关系。水资源数量少，加之污染严重，利用不合理，浪费普遍，使水供需矛盾大，农田灌溉保证率低，使粮食减产；同时会出现生产、生活用水挤占生态用水，加剧生态环境的恶化，加之气候干旱，气温逐年升高，灾害发生频率增大，预防控制灾害的难度加大，水安全更加危急。反过来生态环境越脆弱，生态环境保护与恢复所需要的水资源增加，水污染面积和程度不断增大，可利用的水资源数量越来越少，使得水资源供需矛盾越来越大，也会加剧水安全形势的严峻程度。

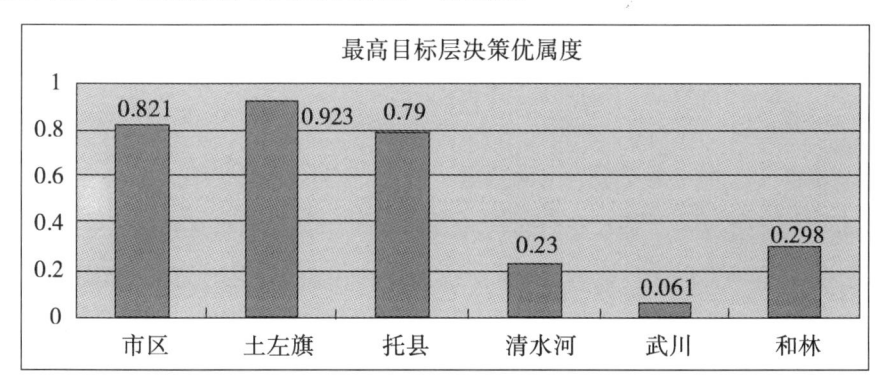

图 5-2

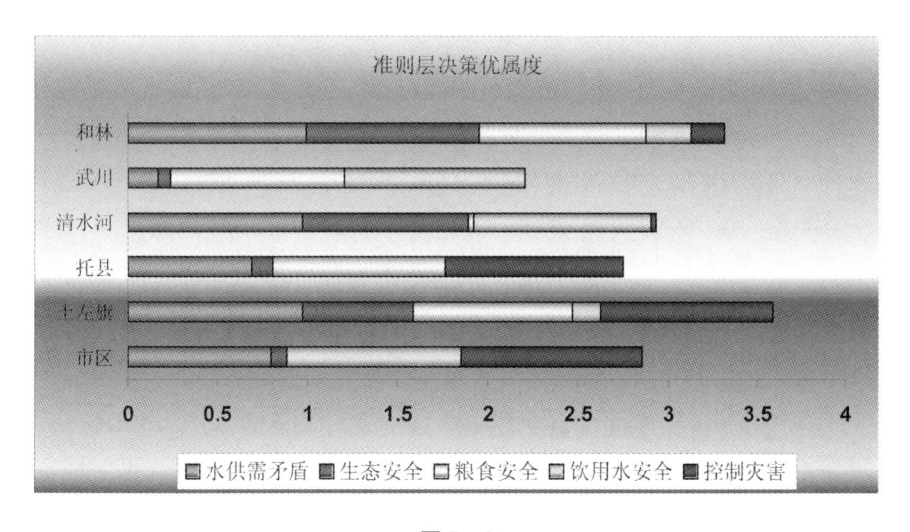

图 5-2

呼和浩特市水资源优化配置研究

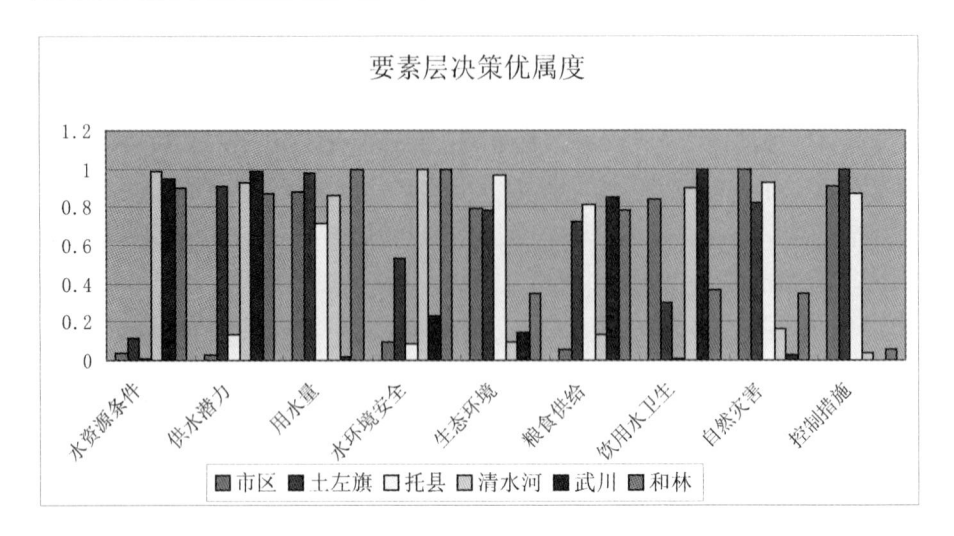

图 5-3

各旗县区之间水安全状况的差异，是由于各影响因素和因子在各旗县区之间的差异造成的，是水安全问题的具体表现。各影响因素和因子在各旗县区之间的差异表现为各影响因素和因子对各旗县区水安全形势的作用程度的不同。（如图4-2、表4-22）

土默特左旗水安全形势最优是因为当地水资源丰富，水供需矛盾小（0.978）；农业基础设施配套，水利设施对自然灾害控制能力强（0.964）；又是呼和浩特市粮食生产基地，粮食保证率高（0.878）；生态环境较安全（0.608），但局部地区饮水中含氟量超标，影响饮用水安全性（0.158）。

市区防灾减灾投入力度大，城市基础设施齐全，蓄水工程库容大，对自然灾害控制面积广、程度高（0.999）；城市居民饮用水达标率100%，饮用水十分安全（0.966）；工业发达、人口集中，经济和生活用水量大，水供需矛盾大（0.798）；超采地下水，产生地下漏斗，地面沉降，严重影响生态安全（0.090）；郊区虽然粮食生产历史悠久，但本地所产的粮食远远不能满足城区居民的需求，粮食需要大量从外地调入（0.004）。

托克托县地处平原区，引黄灌渠水源充足，粮食产量高（0.951）；农田排灌水设施和各种水利工程调蓄能力强，防洪堤长210公里，极大地控制了洪涝灾害的侵袭（0.993）；工业和农业需水量大，地表、地下水开发利用程度高，供水潜力不足；灌溉方式不合理，导致土壤盐渍化范围大，农业和工业污水使河流水质急剧恶化，污水下渗使地下水矿化度增高，引发生态安全（0.117），县境内大部分乡镇饮用水中氟含量超标，严重影响居民健康和生命安全（0.001）。

和林格尔县人均水资源和亩均水资源量多，水资源供水潜力大，生产生活用水量小，供需矛盾不大（0.997）；地处黄土丘陵区，水土流失成为主要的生态环境问题（0.955）；耕地面积大，粮食产量高，人均粮食多（0.928）；地表水质好，但部分地下水氟含量超过饮用水标准（0.250）；但是蓄水工程库容小，堤防短，沟谷拦蓄工程少，已有的工程淤积严重，对洪水和干旱控制力弱（0.189）。

清水河县地表水不足，地下水丰富但利用困难，人畜饮水和生产用水主要靠降水供给；地形破碎、沟壑纵横，水土流失极其严重，全县水土流失率超过70%，生态安全十分脆弱；气候干旱，是典型的干旱雨养区，耕作粗放，粮食单产低（0.022）；生产和生活受自然灾害影响深刻，灾害防控力微弱（0.031）。

武川县年均气温低，热量偏低，耕地面积广，但广种薄收，灌溉保证率低，粮食总产多，人均粮食多（0.969）；居民饮用水的地下水水质好，十分安全（0.999）；水供需矛盾大，生产、生活都使用地下水（0.161）；地貌以低山丘陵为主，干旱缺水、风大，土地风蚀沙化和水土流失特别严重，生态极其脆弱（0.076）；境内只有6公里堤防和几座小型水库，抗御自然灾害能力极弱（0.001）。

从图4-2还可以看出，各旗县区在具体水安全问题的表现上还有自己的特点和不同之处，下面就对此做一比较分析。

（二）水安全影响因素差异性分析

从图5-3、图5-4，表5-22、表5-23和表5-24可以看出：

1. 从水供需矛盾看，市区、土默特左旗、托克托县、清水河县、武川县与和林格尔县的决策优属度分别为0.798、0.979、0.693、0.979、0.161、0.997。和林格尔县的水供需矛盾最小，其次是土默特左旗、清水河县、市区、托克托县，武川县水供需矛盾最大。水供需矛盾的大小取决于当地水资源条件、今后的供水潜力和生产、生活用水量三个因素。和林格尔县年降水量421毫米，浑河及其支沟穿越境内，古力半几河流经该县南缘，人均、亩

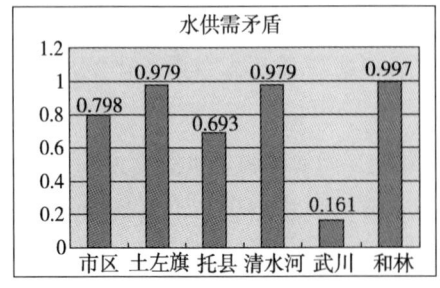

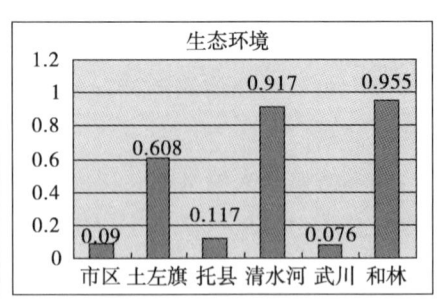

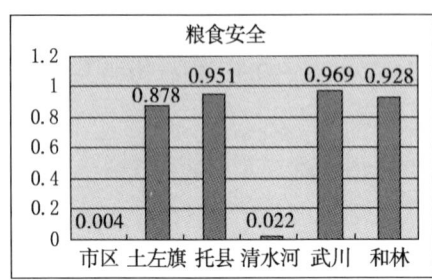

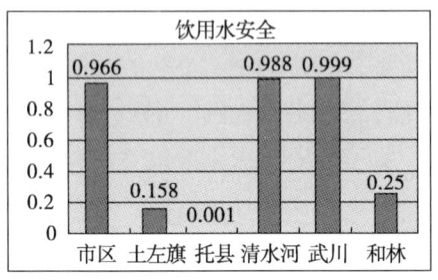

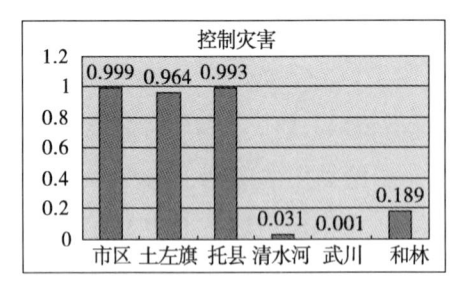

图 5-4

均水资源多，各行业用水定额低，生产生活用水量少，地表水利用率低，今后供水潜力大，水资源供需矛盾小，决策优属度最大，这一结论在反映水供需矛盾的 9 个独立评价指标中有很好的体现，有 3 个指标的隶属度为 1，3 个指标的隶属度居 6 个旗县区第二位，在更高一层次"用水量"的决策优属度最大（0.999），"水资源条件"居第三位，"供水潜力"居第四位，详见表 4-20、图 4-3。土默特左旗和清水河县水供需矛盾决策优属度相同，但二者水供需矛盾的具体情况不同。土默特左旗境内有大、小黑河、枪盘河和什拉乌素河流经，有沿山大小山沟 28 道，还利用水库拦蓄水磨沟、白石头沟水，又地处平原地下水排泄区，水资源总量丰富，但人均、亩均水资源量少，水资源利用率高，尤其水资源用量大的农业中传统灌溉方式仍占优势，浪费十分严重。今后随着经济发展，水资源需求量不断增多，水资源供给远不能满足需求，其指标层中9个指标隶属度都在第四至第六位之间，在更高一层次，"水资源条件"中决策优属度居第四位（0.677），"供水潜力"居第四位（0.560），"用水量"居第六位（0.379）。清水河县可利用水资源量丰富，人均、亩均水量多，但是由于经济发展落后，对水利设施投入少，已有的水利设施由于年久失修，供水能力不足，再加上当地水高地低，水资源难以利用，导致水资源供需矛盾大。市区是人口和工业最集中的地方，人均水资源量少，生产和生活用水量很大，以牺牲环境为代价片面追求经济增长，致使地表水、浅层地下水遭受严重污染而不能利用，许多机关和厂矿利用自备井供水，水资源浪费普遍，工业、农业和生活用水依靠超采地下水来满足需求，导致水供需矛盾加剧。托克托县降水量少，年均降水量361毫米，对地表水、地下水补给少，地表、地下水开发利用率都很高，但人均、亩均水资源量少，大部分地区地下水矿化度高，含氟量高，不能作为农业和生活用水，而工农业耗水量大，水资源利用效率低，水供需矛盾严峻。武川县水供需矛盾最大，是因为水利设施少，生产生活供水依靠几座小型水库拦蓄洪水、依靠水窖等设施集雨或用机电井提取埋藏深的地下水为主，供水能力弱，而农业生产和生活用水量大，因而供需矛盾大。

2. 从生态安全来看，决策优属度由大到小依次为和林格尔县（0.955）、清水河县（0.917）、土默特左旗（0.608）、托克托县（0.117）、市区（0.090）、武川县（0.076）。生态安全由地表河流水质级别、地下水矿化度组成的水环境和土地的次生盐渍化率、水土流失率决定的生态环境二者共同制约的。和林格尔县与清水河县同处黄土丘陵区，生态环境问题都是以水土流失为主，但清水河县的水土流失面积较和林格尔县大，两县的水环境污染主要集中在城镇附近，河流和地下水污染程度较轻，矿化度低，主要污染指标都不超标，水质较好，水环境安全系数高，可作为农业、工业生产用水，稍加处理可作为生活用水。土默特左旗地处土默川平原区，农业发展历史悠久，不合理的灌溉方式，加上只重灌不重排，地下水位高，气候干燥，蒸发旺盛，土壤盐渍化分布广，面积大，程度深；大量的农业灌溉回归水、未经处理的工业废水和生活污水随意排放到地表径流中，是河流水污染指标严重超标，水质恶化，通过下渗还进一步影响地下水质，使得生态环境不断恶化。托克托县具有和土默特左旗相同的生态环境问题和水环境危机，其地下水矿化度较土默特左旗还高，五申、五什家、南坪等地的矿化度均大于10克/升，且高矿化度地下水的分布面积较土默特左旗更广。流经市区的小黑河是城区工业废水和生活污水的主要排泄渠道，这些污水未经处理，水中含有酚、六价铬、汞等有害物质均超标，使城区及近郊范围内的地下水严重污染，大黑河接纳了小黑河的水体后，污染程度加重，基本丧失了灌溉功能，对其周围的地下水也构成了潜在威胁。作为城区唯一供水水源的地下水由于长期超采，地下水位持续下降，出现区域性角落漏斗等环境地质问题。郊区还存在土壤盐渍化和水土流失现象。武川县位于阴山北麓，南部是大青山地，北部是低山丘陵，土壤多呈碱性或弱碱性，气候干旱多风，除存在土壤盐渍化外，土地的风蚀作用也很强烈，风蚀沙化十分严重，面积大，分布广。居民环境意识薄弱，污水随地随河排放，使地表水污染严重，水质恶化。

3. 六个旗县区粮食安全的决策优属度最大的是武川县（0.969），以下依次为托克托县（0.951）、和林格尔县（0.928）、土默特左旗（0.878）、清水河县（0.022）、市区（0.004）。粮食安全在全市范围内差异比较显著。粮食安全取决于当地粮食单产、人均粮食和耕地的灌溉面积率。武川县地形南山北丘，山地占41.9%，丘陵占50.4%，滩地河谷占7.7%，光能资源丰富，日照时数长（2959小时），无霜期110天左右，≥10℃的积温2345℃，降水量虽然不多但雨热同期，有利于作物生长和干物质积累。土层深厚，土壤肥力高，生产潜力很大，以栗钙土为主，农业历史悠久，是呼和浩特市主要的旱作农业区，享有"后山粮仓"之称。主要粮食作物有小麦、莜麦、荞麦、马铃薯等，特别是武川莜面、武川马铃薯和武川荞麦等知名度较高。粮食生产的主要问题是干旱，由于土地过渡开垦，引起了严重的侵蚀沙。农用地面积大，耕作粗放，只用地，不养地，管理水平低，土壤肥力不断下降。坡梁地多，灌溉条件差，抗旱能力差，粮食生产处于大灾大减产，小灾小减产，风调雨顺增产的被动局面。地下水比较丰富的丘陵盆地和河谷洼地是粮食生产的主要基地。托克托县地处黄河之畔，地势平坦，晴天多，日照长，年均日照时数为3129小时，年均气温6.7℃，无霜期平均为131天，≥10℃的积温3015℃，光能、热能资源丰富，地势平坦，土壤肥沃，水利资源丰富，水利设施配套，雨热同季，利于粮食生产。万亩以上自流灌区有2个，大黑河灌区和沙河灌区，还有3个引黄灌区（麻地壕、毛不拉、东营子），水利设施配套齐全，灌溉面积率达99.6%，粮食单产达到409.2公斤/亩，是呼和浩特市主要粮食产区，主要粮食作物有小麦、莜麦、山药、谷子、黍、糜、豆类等。但水分资源不如光能充足，特别是自然降水，绝大多数年份不能满足作物的最低生长需求量，降水的集中期与作物的需水期不一致，因而影响作物的生长和丰产。和林格尔县地处土默川平原东南缘，地貌特征为"五丘三山二分川"，相对高度100—200米，坡度陡，热量条件优越，气候适宜，年均温4—6℃，日照时数超过2900小时，≥10℃的积温2769℃，年降水量417.5毫米，无霜期长，达145天以上，水热条件较好，是耕作历史悠久的农业区。土地垦殖率高，土壤贫瘠，粮食产量低，粮食作物有谷子、莜麦、糜黍、大豆等。该区人少、地多，耕作粗放，用地养地水平很低。特别是土壤多为黄土母质，坡度大，切割严重，冲沟发育、土地破碎，水土流失严重，土层薄，影响粮食生产。尤其沟谷洼地、滩川地地下水丰富，通过兴修水利、修塘建库发展水浇地，引洪灌溉增厚土层，土壤养分不断改善，公喇嘛乡成为重要的商品粮基地。土默特左旗位于土默川平原，气候资源条件较好，光照充沛，尤其是作物生长的5—6月最充裕，年均温6.3℃，无霜期132天。雨热同期，土壤肥沃，有草甸土、栗钙土、灰褐土，土体深厚，肥力较高，大气降水不足，年降水量400毫米左右，但可通过水利设施由地表、地下水补充，粮食生产、增产潜力大，粮食作物以小麦、高粱、糜黍及马铃薯为主，是自治区主要的产粮区之一。清水河县位于黄土丘陵区，年均温7.5℃，年降水量410毫米左右，年蒸发量2570毫米左右，是典型的干旱雨养区。无霜期141天，≥10℃的积温2930℃，光热条件好，粮食耕作主要在山坡栗褐土上，耕作层不稳定，养分含量低，地形破碎，沟壑纵横，土壤易受侵蚀，肥力差，土地垦殖历史悠久，耕作粗放，撂荒种植，粮食产量水平低。市区北依大青山，东临蛮汉山，南部为土默川平原，年均温6.8℃，降水量400毫米。光照充足，无霜期短，降水量少而年变率大，自然灾害频繁，土层薄、土壤贫瘠，坡度大，水土流失严重，平原区盐碱化面积广，粮食生产主要在近、远郊，人均粮食少。

4. 饮用水安全在于这个地区需要解决饮水的人数及受高氟水威胁的人数。呼和浩特市居民饮用水水源主要是地下水，山丘区部分居民饮用雨水。浅层地下水沿山丘区的补给径流区至平原区的径流排泄区到排泄区。其水化

学类型由 HCO_3—Ca·Mg，HCO_3—Mg 型变为 HCO_3—Na·Mg，HCO_3·Cl—Na·Mg 型水。排泄区为 Cl·HCO_3—Na 型水，矿化度也由小于 0.5 克/升增至 1—3 克/升，到大于 3 克/升。土默特左旗只几梁、铁帽、沙尔营等地，浅层水砷含量超过饮用水标准，托克托县大部分地区氟含量超过饮用水标准。所以决定了饮用水安全决策优属度顺序为武川县（0.999）、清水河县（0.988）、市区（0.966）、和林格尔县（0.250）、土默特左旗（0.158）、托克托县（0.001）。这个结论从表 4-20"需解决饮水的人数"和"氟病区需解决饮水的人数"两个指标的隶属度得出。

5. 控制灾害是由灾害影响范围和对灾害控制程度决定的。控制灾害的决策优属度市区（0.999）、托克托县（0.993）、土默特左旗（0.964）分居前三位，和林格尔县（0.189）、清水河县（0.031）、武川县（0.001）为第四—六位。市区、土默特左旗、托克托县经济发达，对水利设施和防洪减灾投入多，农业基础设施和城市供排水设施配套好，各种水利工程对洪涝的调蓄能力强，旱涝灾害影响面积小，影响程度浅。而和林格尔县、清水河县、武川县地处山地、丘陵区，经济以农业为主，加上气候干旱，坡度大，植被稀疏，农业生产受干旱和洪涝的发生频率、程度影响深刻，当地只有几座中小型水库，年久失修，库容小，对洪涝的调蓄能力弱。

上述对水安全评价所采用的模糊优选模型及求解方法具有一定的可行性和实用性。由于在决策中采用层次分析法确定指标权重和具有层次结构的评价指标体系的结合，以及采用多层次多目标的模糊优选方法，使得对水安全系统的评价由表及里，逐层计算。这样获得的信息会更加全面，便于对区域水安全状况作全面了解，并找到区域水安全所存在的症结。

四、呼和浩特市水供需平衡预测

本研究预测将以 2004 年为基准年，以 2010 年为预测水平年。以保证率 $P=0$、$P=50\%$、$P=75\%$ 三种方案预测 2010 年呼和浩特市水资源供需及安全状况。

（一）2010 年经济、社会、环境发展预测

1. 人口发展指标

现状年呼和浩特市总人口 254.43 万人，其中城镇人口 141.88 万人，乡村人口 112.55 万人，人口增长率采用 8‰，则到 2010 年，总人口、城镇人

口和乡村人口分别为 225.26 万人、116.60 万人和 108.66 万人。

2. 工业发展指标

2004 年全部工业产值为 463.16 亿元，年均增长 32.5%，2010 年工业产值达到 2506.26 亿元。

3. 农业发展指标

农业发展主要指标包括农田灌溉面积、牲畜两项。2010 年农田有效灌溉面积达到 350 万亩。牲畜发展以历年度存栏数计，大牲畜头数采用十·一五规划中的奶牛存栏保有 100 万头，肉羊养殖规模达到 500 万只，2004 年猪 30.38 万只，年增长率为 1.9%，2010 年达到 34 万头。

(二) 社会、生活、环境发展需水预测

1. 用水定额

用水定额采用《内蒙古自治区水中长期供水计划报告》城市居民用水定额 133 升/人·日，农村居民用水为 30 升/人·日，大牲畜（奶牛）小牲畜（羊）、猪的定额为 45 升/头·日、5 升/头·日、40 升/头·日。工业用水定额 70.5 立方米/万元，农业灌溉定额为 186 立方米/亩。

2. 需水量计算

居民生活、农业预测水平年发展需水按发展指标乘以相应用水定额计算。工业需水例外，计算公式为：

$$工业需水量 = 工业产值 \times (1 - R) \times W \qquad (5—19)$$

其中 R 是工业水重复利用率，W 为工业万元产值用水定额。2010 年工业水重复利用率达到 65%。

计算结果见表 5 - 25：

表 5 - 25 呼和浩特市 2010 年需水状况　　　　单位：万/m³

指标	工业需水	农业需水	生活需水					生态需水	合计
			大牲畜	小牲畜	猪	城镇居民	农村居民		
	61841.99	65100	1642.50	912.5	496.4	5660.26	1189.86	10318.29	147161.8

3. 水资源供需平衡分析

从表格 5 - 26 和图 5 - 5 中可以看出：

（1）不论保证率是0、50、75，呼和浩特市需水量都大于供水量，水资源供需存在矛盾。保证率越大，供需越不平衡，缺水量越大，水资源越不安全。

（2）在社会经济生活各部门中，农业用水量最大，其次是工业用水，生态和生活用水。

表5-26　不同保证率水供需状况　　　　　　　　　单位：万 m³

指标	P=0	P=50%	P=75%
地表水资源	43757.7	36248.9	24788.2
地下水资源	58842.4	58842.4	58842.4
引黄河水	22000	22000	22000
污水回用	13870	13870	13870
供水总量	138470.1	130961.3	119500.6
需水量	147161.8	147161.8	147161.8
供需分析	缺：8691.7	缺：16200.5	缺：27661.2

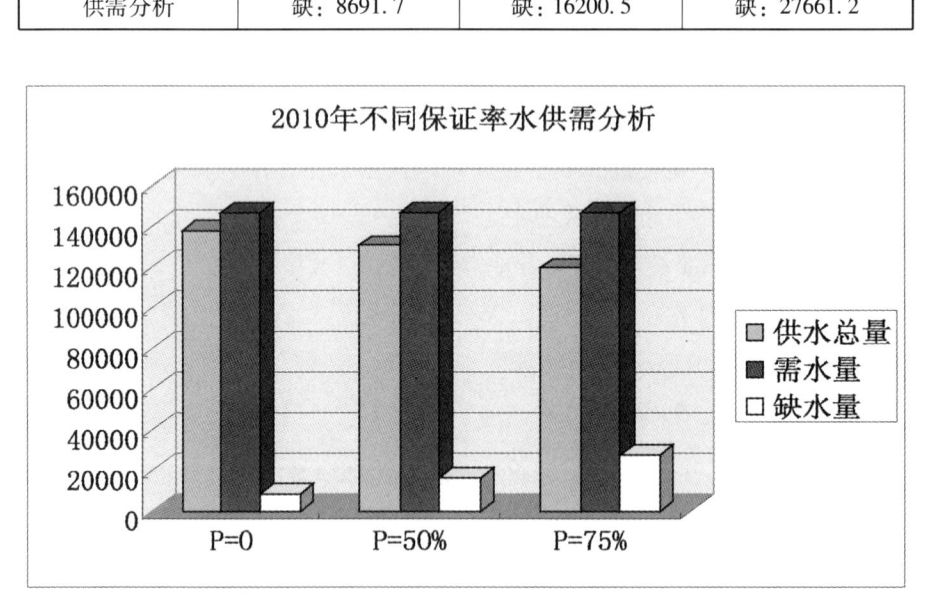

图5-5　呼和浩特市2010年不同保证率水供需分析

第六章 水环境质量的模糊综合评价

呼和浩特市地处我国北方干旱半干旱地区河套盆地的东北部，属黄河流域大黑河水系，其地理坐标为110°30′E～112°18′E，39°35′N～41°23′N。行政区划由新城区、赛罕区、玉泉区、回民区、托克托县、和林格尔县、清水河县、武川县和土默特左旗组成。有关研究表明：以1986～2003年呼和浩特市河流水质监测资料为基础，选取高锰酸盐指数、五日生化需氧量、氨氮等指标，运用水质综合指数法，结果表明，呼和浩特市地表水环境水质状况整体虽然有所改善，但污染依然严重，生活污染源、环境治理等已成为影响呼和浩特市地表水环境演化的新因素。呼和浩特市在我国属于严重缺水地区，水资源短缺与水环境治理、保护的有限性，在很大程度上制约着社会经济发展。水源地因工业废水和生活污水处理水平低以及超量开采，加之城区的扩展，造成部分地区水环境污染。由于城市生态环境的破坏日益明显，因此定量评价呼和浩特地区的水环境质量具有重要的现实意义。

环境评价的特点是它所研究的对象的高度复杂性和综合性。李希灿等针对空气环境质量评价和预测中的不确定性，提出了空气环境质量的模糊综合评价方法和趋势灰色预测方法，并运用于泰安市空气环境质量的评价和预测。潘峰等把模糊综合评价具体应用到水环境质量综合评价中，通过建立评价的因子集、评价集、隶属函数和采用层次分析法计算评价的权重值，实现对北京市河流水体样本的质量等级综合评判与排序。许俊杰认为，城市的环境污染是多环境要素的污染问题，对这类环境现状的评价，要考虑运用模糊数学方法建立城市总体环境质量的二级模糊聚类进行评价。在研究水环境系统中，对于水环境质量的评价会遇到许多不确定的概念，想要绝对精确是不可能的，也是不必要的，在更多的情况下，使用模糊评价理论是可行的。模糊综合评价模型就是对原本仅具有模糊和非定量化特征的因素，经过某种数学处理，使其具有某种量化的表达形式。

水环境质量评价是合理开发利用水资源、有效保护水资源、提高水资源利用率的前提和保障，对水资源的优化配置具有重要意义。通过对呼和浩特市水文特征的分析，运用模糊评价法对呼市地表水环境质量进行了综合评价，即依据呼和浩特市地表水的 7 个监断面在丰、平、枯水期及平均情况下的监测数据，选择影响呼和浩特市地表水环境质量的 12 个评价指标，建立各指标对各级标准的隶属度函数，形成隶属度矩阵，对呼和浩特市水环境质量进行不同时期的水质模糊评价。结果显示：呼和浩特市地表水水资源存在着较为严重的污染，在平均情况下，所选取的 7 个监测断面的水质等级均为 V 类；在丰水期水质等级为 I 类，在平水期水质等级均为 V 类，在枯水期水质等级几乎为 V 类。

因此，本书采用模糊综合评价模型运用于呼和浩特市水环境质量的评价中，定量地评价呼市地区水环境的污染程度，通过建立评价的因子集、评价集、隶属函数和权重值，实现对各监测样本的质量等级综合评判与排序。从而为环境决策提供可以进行比较和判别的依据，提高环境决策的科学性和正确性。

第一节　地表水水环境评价

一、水文地质特征

呼和浩特市位于阴山南麓与黄河北岸之间，北部为大青山中低山，东侧为蛮汉山黄土丘陵区，中部为大青山冲积平原区，南部为大黑河冲积平原区，因而形成一个冲击湖积盆地。地势特点是东北高西南低，坡度在 3‰~5‰之间。呼和浩特盆地属于呼包断陷盆地的一部分。盆地北边是大青山，东边和南边是蛮汉山，西以哈素海为界，盆地走向为北东至南西向。因受断裂构造控制，盆地北深南浅，东高西低，呈簸箕状。顺轴部发育有大黑河，沿山盆地边缘分而阶梯状断裂，向盆地中心倾斜。盆地基底为前震旦纪变质岩系，上覆白垩系、第三系、第四系三套河湖相沉积的地层，推测总厚度为

1400米~7600米。因受断裂构造控制,第四系厚度在水平和垂直方向都有明显的变化。以土默特左旗的北什轴和哈素海两个沉降中心的沉积厚度为最大,分别为1200米和1600米。以托克托县至乌素图沟的北东断裂以东沉积颗粒粗,以西颗粒细。盆地内对供水有意义的地层主要是第四系。含水层分浅层和深层,中间以稳定的淤泥层相隔。浅层为潜水或半承压水;深层为承压水或自流水。浅层水含水层主要由卵石、砾石和砂组成,颗粒由粗变细,分布在山前冲击洪积扇裙带到大黑河冲湖积平原,或由东向西呈现水平分带性。地下水位由深变浅,山前区大于40米,平原区小于10米,局部自流溢出地表。深水层含水层是指淤泥层以下的含水层,主要由卵石、砂砾石组成,主要分布在山前区的单层向盆地中心变为多层结构,含水层总厚度由大于80米变为小于40米。

呼和浩特市处于黄河流域大黑河水系。一级支流为大黑河流段,二级支流主要有小黑河。北部大青山山区从西至东发育分布有:霍寨河、乌素图沟、坝子沟、红山口沟、哈拉沁沟、古楼板沟、奎素沟、面铺窑沟等较大沟系。各沟系除哈拉沁沟外,均为季节性河沟。呼和浩特市多年平均降水量432.0毫米,降水总量9.28×10^{12}立方米,形成地表径流2605.0×10^{4}立方米,地下水资源19425.1×10^{4}立方米,扣除掉地表水与地下水的重复计算1235.9×10^{4}立方米,当地自产天然水资源量为20794.2×10^{4}立方米。由于水汽补充条件和地理位置、地形等条件的影响,境内降水具有时空分布不均,丰枯交替出现等特点。呼和浩特市多年平均入境水量13203.0×10^{4}立方米,其中大黑河干流为10080.0×10^{4}立方米。地下水资源较为丰富,面积约为158平方公里,主要蕴藏在白垩系和侏罗系地层。

二、模糊综合评价模型建立与应用

(一)确定评价指标

在把模糊综合评价模型引入水环境质量评价领域时,由于采用的评价指标较多,为减少复合运算时丢失过多的信息,采用加权平均型模糊合成算子进行运算。根据模糊综合评价模型的步骤,对呼和浩特市地表水的质量等级进行评价。评价指标是根据地表水质量标准(GB 3838-2002)及主要影响呼和浩特市水质指标而设置的。共设有 12 个评价指标，依次为 X_1；溶解氧，X_2；高锰酸盐指数，X_3；氨氮，X_4；挥发酚，X_5；砷，X_6；汞，X_7；铬（六价），X_8；铅，X_9；镉，X_{10}；铜，X_{11}；锌，X_{12}；石油类。溶解氧的评价指标以数值大为最优，而另外 11 个指标均以数值小为最优。

（二）建立评价对象集

根据国家标准地面水环境质量标准 GB 3838 - 2002，把地表水质分（Ⅰ、Ⅱ、Ⅲ、Ⅳ、Ⅴ）5 个评价集（见表6-1）。

表6-1 地表水环境质量标准（mg）

指标（≤）	Ⅰ类	Ⅱ类	Ⅲ类	Ⅳ类	Ⅴ类
溶解氧	7.5	6	5	3	2
高锰酸盐指数	2	4	6	10	15
氨氮	0.1	0.5	1.0	2.0	2.0
挥发酚	0.002	0.002	0.005	0.01	0.1
砷	0.05	0.05	0.05	0.1	0.1
汞	0.00005	0.00005	0.0001	0.0001	0.0001
铬（六价）	0.01	0.05	0.05	0.05	0.1
铅	0.01	0.01	0.05	0.05	0.1
镉	0.001	0.005	0.005	0.005	0.01
铜	0.01	1.0	1.0	1.0	1.0
锌	0.05	1.0	1.0	2.0	2.0
石油类	0.05	0.05	0.05	0.5	1.0

设评价对象集为：$Y = (y_i \quad i=1, 2, 3, 4, 5, 6, 7)$，$y_i$ 表示呼和浩特市地表水的第 i 个监测断面。设评价指标集为：$U = (x_1, x_2, x_3, x_4, x_5, x_6, x_7, x_8, x_9, x_{10}, x_{11}, x_{12})$，$x_j$ 表示第 j 种水质评价指标样本值。呼和浩特市地表水的 7 个断面在枯水期、平水期、丰水期及平均状况的监测值分别如下（依次见表6-2～表6-5）。

表6-2 枯水期呼和浩特市地表水监测断面评价指标值（mg/L）

监测断面	溶解氧 x_1	高锰酸盐 x_2	氨氮 x_3	挥发酚 x_4	砷 x_5	汞 x_6
A 西瓦窑	3.30	40.78	33.542	5.993	0.017	0.00125
B 浑津桥	4.02	1.38	17.011	0.002	0.013	0.00100
C 小阿哥	6.59	8.57	33.977	0.002	0.028	0.00090
D 章盖营	0.60	16.42	23.596	0.326	0.018	0.00090
E 三两桥	0.26	30.76	33.859	0.052	0.016	0.00090
F 庆丰桥	3.04	12.31	8.452	0.159	0.014	0.00050
G 小入大前	0.99	15.36	25.155	0.138	0.018	0.00110
监测断面	铬(六价) x_7	铅 x_8	镉 x_9	铜 x_{10}	锌 x_{11}	石油类 x_{12}
A 西瓦窑	0.061	0.005	0.001	0.047	0.256	12.012
B 浑津桥	0.008	0.005	0.001	0.158	0.072	0.740
C 小阿哥	0.014	0.005	0.001	0.049	0.085	0.864
D 章盖营	0.063	0.005	0.001	0.131	3.130
E 三两桥	0.084	0.005	0.001	0.020	0.130	14.000
F 庆丰桥	0.059	0.005	0.001	0.008	0.065	1.276
G 小入大前	0.072	0.005	0.001	0.024	0.067	3.501

表6-3 平水期呼和浩特市地表水监测断面评价指标值（mg/L）

监测断面	溶解氧 x_1	高锰酸盐 x_2	氨氮 x_3	挥发酚 x_4	砷 x_5	汞 x_6
A 西瓦窑	1.60	36.98	22.310	0.938	0.016	0.001250
B 浑津桥	2.28	17.22	20.686	0.014	0.017	0.001000
C 小阿哥	4.12	17.82	44.222	0.169	0.016	0.000700
D 章盖营	2.10	15.22	33.873	0.086	0.016	0.000800
E 三两桥	1.88	17.34	30.611	0.062	0.016	0.000800
F 庆丰桥	2.26	65.79	14.480	0.078	0.008	0.000200
G 小入大前	1.42	18.28	22.635	0.144	0.016	0.000950
监测断面	铬(六价) x_7	铅 x_8	镉 x_9	铜 x_{10}	锌 x_{11}	石油类 x_{12}
A 西瓦窑	0.0250	0.005	0.001	0.031	0.184	2.2560
B 浑津桥	0.0110	0.005	0.001	0.096	0.276	0.4820

续表

监测断面	溶解氧 x_1	高锰酸盐 x_2	氨氮 x_3	挥发酚 x_4	砷 x_5	汞 x_6
C 小阿哥	0.0060	0.005	0.001	0.076	0.085	2.1560
D 章盖营	0.0220	0.005	0.001	0.013	0.101	2.5220
E 三两桥	0.0240	0.005	0.001	0.016	0.098	1.8900
F 庆丰桥	0.0300	0.005	0.001	0.007	0.044	2.5740
G 小入大前	0.0270	0.005	0.001	0.022	0.067	1.9000

表 6-4　丰水期呼和浩特市地表水监测断面评价指标值（mg/L）

监测断面	溶解氧 x_1	高锰酸盐 x_2	氨氮 x_3	挥发酚 x_4	砷 x_5	汞 x_6
A 西瓦窑	1.98	44.80	25.919	1.960	0.020	0.00120
B 浑津桥	1.57	14.98	22.573	0.024	0.016	0.00120
C 小阿哥	4.78	22.64	45.566	0.002	0.034	0.00060
D 章盖营	0.70	20.98	23.842	0.154	0.015	0.00075
E 三两桥	0.69	25.78	25.676	0.052	0.015	0.00075
F 庆丰桥	1.64	23.36	9.826	0.002	0.011	0.00020
G 小入大前	1.04	26.04	24.219	0.168	0.016	0.00090

监测断面	铬（六价）x_7	铅 x_8	镉 x_9	铜 x_{10}	锌 x_{11}	石油类 x_{12}
A 西瓦窑	1.98	44.80	25.919	1.960	0.020	0.00120
B 浑津桥	1.57	14.98	22.573	0.024	0.016	0.00120
C 小阿哥	4.78	22.64	45.566	0.002	0.034	0.00060
D 章盖营	0.70	20.98	23.842	0.154	0.015	0.00075
E 三两桥	0.69	25.78	25.676	0.052	0.015	0.00075
F 庆丰桥	1.64	23.36	9.826	0.002	0.011	0.00020
G 小入大前	1.04	26.04	24.219	0.168	0.016	0.00090

表6-5 平均情况下呼和浩特市地表水监测断面评价指标值（mg/L）

监测断面	溶解氧 x_1	高锰酸盐 x_2	氨氮 x_3	挥发酚 x_4	砷 x_5	汞 x_6
A 西瓦窑	2.29	40.85	27.257	2.946	0.018	0.00123
B 浑津桥	2.62	11.19	20.090	0.013	0.015	0.00107
C 小阿哥	5.16	16.34	41.255	0.058	0.039	0.00073
D 章盖营	1.13	17.54	27.104	0.189	0.016	0.00082
E 三两桥	0.94	24.63	30.049	0.055	0.016	0.00082
F 庆丰桥	2.31	33.82	10.919	0.080	0.011	0.00030
G 小入大前	1.15	19.89	24.003	0.150	0.017	0.00098
监测断面	铬（六价）x_7	铅 x_8	镉 x_9	铜 x_{10}	锌 x_{11}	石油类 x_{12}
A 西瓦窑	0.034	0.005	0.001	0.036	0.191	6.214
B 浑津桥	0.010	0.005	0.001	0.095	0.173	0.532
C 小阿哥	0.010	0.005	0.001	0.071	0.085	1.646
D 章盖营	0.035	0.005	0.001	0.017	0.120	2.759
E 三两桥	0.042	0.005	0.001	0.021	0.116	6.703
F 庆丰桥	0.034	0.005	0.001	0.007	0.040	1.624
G 小入大前	0.040	0.005	0.001	0.023	0.079	2.889

（三）建立隶属函数和模糊关系矩阵 R

指派隶属函数的方法普遍认为是一种主观的方法，通常可以把人们的实践经验考虑进去。如果把模糊集定义在实数域上，那么模糊集的隶属函数就为模糊分布。再根据枯水期、平水期、丰水期的测量数据及平均状况下计算出的数据来确定分布中所含的参数，进而建立模糊关系矩阵 R。

如果选用梯形分布来确定隶属函数，

偏小型隶属函数如下：$u(x) = \begin{cases} 1 & (x < a) \\ \dfrac{b-x}{b-a} & (a \leq x \leq b) \\ 0 & (x > b) \end{cases}$

偏大型隶属函数如下：$u(x) = \begin{cases} 0 & (x < a) \\ \dfrac{x-a}{b-a} & (a \leq x < b) \\ 1 & (x > b) \end{cases}$

由于水质污染程度和水质分级标准都是模糊的，先根据各指标的五级标准，做出五个级别的隶属函数。其中11个评价指标则以数值小为最优，即数字越小，水环境质量恶化程度越小；而溶解氧评价指标是以数值大为最优，即数字越大，水环境质量越好。对11个评价指标采用偏小型分布，经计算得到各评价指标5级标准的隶属函数。

高锰酸盐指数隶属函数：

$U_1(x) = \begin{cases} 1 & (x \leq 2) \\ \dfrac{4-x}{2} & (2 < x < 4) \\ 0 & (x \geq 4) \end{cases}$ $\quad U_2(x) = \begin{cases} 0 & (x \leq 2, x \geq 6) \\ \dfrac{4-x}{2} & (2 < x < 4) \\ \dfrac{6-x}{2} & (4 < x < 6) \end{cases}$

$U_3(x) = \begin{cases} 0 & (x \leq 4, x \geq 10) \\ \dfrac{6-x}{2} & (4 < x < 6) \\ \dfrac{10-x}{4} & (6 < x < 10) \end{cases}$ $\quad U_4(x) = \begin{cases} 0 & (x \leq 6, x \geq 10) \\ \dfrac{10-x}{4} & (6 < x < 10) \\ \dfrac{15-x}{5} & (10 < x < 15) \end{cases}$

$U_5(x) = \begin{cases} 0 & (x \leq 10) \\ \dfrac{15-x}{5} & (10 < x < 15) \\ 1 & (x \geq 15) \end{cases}$

氨氮隶属函数：

$U_1(x) = \begin{cases} 1 & (x \leq 0.1) \\ \dfrac{0.5-x}{0.4} & (0.1 < x < 0.5) \\ 0 & (x \geq 0.5) \end{cases}$ $\quad U_2(x) = \begin{cases} 0 & (x \leq 0.1, x \geq 1.0) \\ \dfrac{0.5-x}{0.4} & (0.1 < x < 0.5) \\ \dfrac{1.0-x}{0.5} & (0.5 < x < 1.0) \end{cases}$

$$U_3(x) = \begin{cases} 0 & (x \leq 0.5, x \geq 2.0) \\ \dfrac{1.0-x}{0.5} & (0.5 < x < 1.0) \\ \dfrac{2.0-x}{1.0} & (1.0 < x < 2.0) \end{cases} \qquad U_{4,5}(x) = \begin{cases} 0 & (x \leq 1.0) \\ \dfrac{2.0-x}{1.0} & (1.0 < x < 2.0) \\ 1 & (x \geq 2.0) \end{cases}$$

挥发酚隶属函数:

$$U_{1,2}(x) = \begin{cases} 1 & (x \leq 0.002) \\ \dfrac{0.005-x}{0.003} & (0.002 < x < 0.005) \\ 0 & (x \geq 0.005) \end{cases}$$

$$U_3(x) = \begin{cases} 0 & (x \leq 0.002,\ x \geq 0.01) \\ \dfrac{0.005-x}{0.003} & (0.002 < x < 0.005) \\ \dfrac{0.01-x}{0.005} & (0.005 < x < 0.010) \end{cases}$$

$$U_4(x) = \begin{cases} 0 & (x \leq 0.005,\ x \geq 0.01) \\ \dfrac{0.01-x}{0.005} & (0.005 < x < 0.01) \\ \dfrac{0.1-x}{0.09} & (0.01 < x < 0.1) \end{cases}$$

$$U_5(x) = \begin{cases} 0 & (x \leq 0.01) \\ \dfrac{0.1-x}{0.09} & (0.01 < x < 0.1) \\ 1 & (x \geq 0.1) \end{cases}$$

砷隶属函数:

$$U_{1,2,3}(x) = \begin{cases} 1 & (x \leq 0.05) \\ \dfrac{0.1-x}{0.05} & (0.05 < x < 0.1) \\ 0 & (x \geq 0.1) \end{cases}$$

$$U_{4,5}(x) = \begin{cases} 0 & (x \leq 0.05) \\ \dfrac{0.1-x}{0.05} & (0.05 < x < 0.1) \\ 1 & (x \geq 0.1) \end{cases}$$

汞隶属函数：

$$U_{1,2}(x) = \begin{cases} 1 & (x \leq 0.00005) \\ \dfrac{0.0001-x}{0.00005} & (0.00005 < x < 0.0001) \\ 0 & (x \geq 0.0001) \end{cases}$$

$$U_{3,4,5}(x) = \begin{cases} 0 & (x \leq 0.00005) \\ \dfrac{0.0001-x}{0.00005} & (0.00005 < x < 0.0001) \\ 1 & (x \geq 0.0001) \end{cases}$$

铬（六价）隶属函数：

$$U_1(x) = \begin{cases} 1 & (x \leq 0.01) \\ \dfrac{0.05-x}{0.04} & (0.01 < x < 0.05) \\ 0 & (x \geq 0.05) \end{cases}$$

$$U_{2,3,4}(x) = \begin{cases} 0 & (x \leq 0.01,\ x \geq 0.1) \\ \dfrac{0.05-x}{0.04} & (0.01 < x < 0.05) \\ \dfrac{0.1-x}{0.05} & (0.05 < x < 0.1) \end{cases}$$

$$U_5(x) = \begin{cases} 0 & (x \leq 0.05) \\ \dfrac{0.1-x}{0.05} & (0.05 < x < 0.1) \\ 1 & (x \geq 0.1) \end{cases}$$

铅隶属函数：

$$U_{1,2}(x) = \begin{cases} 1 & (x \leq 0.01) \\ \dfrac{0.05-x}{0.04} & (0.01 < x < 0.05) \\ 0 & (x \geq 0.05) \end{cases}$$

$$U_{3,4}(x) = \begin{cases} 0 & (x \leq 0.01,\ x \geq 0.1) \\ \dfrac{0.05-x}{0.04} & (0.01 < x < 0.05) \\ \dfrac{0.1-x}{0.05} & (0.05 < x < 0.1) \end{cases}$$

$$U_5(x) = \begin{cases} 0 & (x \leqslant 0.05) \\ \dfrac{0.1-x}{0.05} & (0.05 < x < 0.1) \\ 1 & (x \geqslant 0.1) \end{cases}$$

镉隶属函数：

$$U_1(x) = \begin{cases} 1 & (x \leqslant 0.001) \\ \dfrac{0.005-x}{0.004} & (0.001 < x < 0.005) \\ 0 & (x \geqslant 0.005) \end{cases}$$

$$U_{2,3,4}(x) = \begin{cases} 0 & (x \leqslant 0.001, x \geqslant 0.01) \\ \dfrac{0.005-x}{0.004} & (0.001 < x < 0.005) \\ \dfrac{0.01-x}{0.005} & (0.005 < x < 0.01) \end{cases}$$

$$U_5(x) = \begin{cases} 0 & (x \leqslant 0.005) \\ \dfrac{0.01-x}{0.005} & (0.005 < x < 0.01) \\ 1 & (x \geqslant 0.01) \end{cases}$$

铜隶属函数：

$$U_1(x) = \begin{cases} 1 & (x \leqslant 0.01) \\ \dfrac{1.0-x}{0.99} & (0.01 < x < 1.0) \\ 0 & (x \geqslant 1.0) \end{cases}$$

$$U_{2,3,4,5}(x) = \begin{cases} 0 & (x \leqslant 0.01) \\ \dfrac{1.0-x}{0.99} & (0.01 < x < 1.0) \\ 1 & (x \geqslant 1.0) \end{cases}$$

锌隶属函数：

$$U_1(x) = \begin{cases} 1 & (x \leqslant 0.05) \\ \dfrac{1.0-x}{0.05} & (0.05 < x < 1.0) \\ 0 & (x \geqslant 1.0) \end{cases} \qquad U_{2,3}(x) = \begin{cases} 0 & (x \leqslant 0.05, x \geqslant 2.0) \\ \dfrac{1.0-x}{0.05} & (0.05 < x < 1.0) \\ 2.0-x & (1.0 < x < 2.0) \end{cases}$$

$$U_{4,5}(x) = \begin{cases} 0 & (x \leq 1.0) \\ 2.0 - x & (1.0 < x < 2.0) \\ 1 & (x \geq 2.0) \end{cases}$$

石油类隶属函数：

$$U_{1,2,3}(x) = \begin{cases} 1 & (x \leq 0.05) \\ \dfrac{0.5-x}{0.45} & (0.05 < x < 0.5) \\ 0 & (x \geq 0.5) \end{cases} \qquad U_4(x) = \begin{cases} 0 & (x \leq 0.05, x \geq 1.0) \\ \dfrac{0.5-x}{0.45} & (0.05 < x < 0.5) \\ \dfrac{1.0-x}{0.5} & (0.5 < x < 1.0) \end{cases}$$

$$U_5(x) = \begin{cases} 0 & (x \leq 0.05) \\ \dfrac{1.0-x}{0.5} & (0.5 < x < 1.0) \\ 1 & (x \geq 1.0) \end{cases}$$

溶解氧评价指标采用梯形分布中偏大型分布，其 5 级标准函数设计如下：

$$U_1(x) = \begin{cases} 1 & (x \geq 7.5) \\ \dfrac{x-6}{1.5} & (6 < x < 7.5) \\ 0 & (x \leq 6) \end{cases} \qquad U_2(x) = \begin{cases} 0 & (x \leq 5, x \geq 7.5) \\ \dfrac{x-6}{1.5} & (6 \leq x \leq 7.5) \\ x-5 & (5 < x \leq 6) \end{cases}$$

$$U_3(x) = \begin{cases} 0 & (x \leq 3, x \geq 6) \\ x-5 & (5 < x < 6) \\ \dfrac{x-3}{2} & (3 < x < 5) \end{cases} \qquad U_4(x) = \begin{cases} 0 & (x \leq 2, x \geq 5) \\ \dfrac{x-3}{2} & (3 < x < 5) \\ x-2 & (2 < x \leq 3) \end{cases}$$

$$U_5(x) = \begin{cases} 0 & (x \geq 3) \\ x-2 & (2 < x < 3) \\ 1 & (x \leq 2) \end{cases}$$

在得到各个评价指标对各级标准的隶属函数的基础上，将不同水期各个监测面的指标数据代入相应的隶属函数，由此可以建立不同水期的每个监测面的模糊关系矩阵 R。

枯水期各监测面的模糊关系矩阵 R，依次如下：

$$RA = \begin{vmatrix} 0 & 0 & 0.15 & 0.15 & 0 \\ 0 & 0 & 0 & 0 & 1 \\ 0 & 0 & 0 & 1 & 1 \\ 0 & 0 & 0 & 0 & 1 \\ 1 & 1 & 1 & 0 & 0 \\ 0 & 0 & 1 & 1 & 1 \\ 0 & 0.78 & 0.78 & 0.78 & 0.78 \\ 1 & 1 & 0 & 0 & 0 \\ 1 & 0 & 0 & 0 & 0 \\ 0.963 & 0.963 & 0.963 & 0.963 & 0.963 \\ 14.88 & 14.88 & 14.88 & 0 & 0 \\ 0 & 0 & 0 & 0 & 1 \end{vmatrix}$$

$$RB = \begin{vmatrix} 0 & 0 & 0.51 & 0.51 & 0 \\ 1 & 0 & 0 & 0 & 0 \\ 0 & 0 & 0 & 1 & 1 \\ 1 & 1 & 0 & 0 & 0 \\ 1 & 1 & 1 & 0 & 0 \\ 0 & 0 & 1 & 1 & 1 \\ 1 & 0 & 0 & 0 & 0 \\ 1 & 1 & 0 & 0 & 0 \\ 1 & 0 & 0 & 0 & 0 \\ 0.851 & 0.851 & 0.851 & 0.851 & 0.851 \\ 18.56 & 18.56 & 18.56 & 0 & 0 \\ 0 & 0 & 0 & 0.52 & 0.52 \end{vmatrix}$$

$$RC = \begin{vmatrix} 0.393 & 0.393 & 0 & 0 & 0 \\ 0 & 0 & 0.358 & 0.358 & 0 \\ 0 & 0 & 0 & 1 & 1 \\ 1 & 1 & 0 & 0 & 0 \\ 1 & 1 & 1 & 0 & 0 \\ 0 & 0 & 1 & 1 & 1 \\ 0.9 & 0.9 & 0.9 & 0.9 & 0 \\ 1 & 1 & 0 & 0 & 0 \\ 1 & 0 & 0 & 0 & 0 \\ 0.961 & 0.961 & 0.961 & 0.961 & 0.961 \\ 18.3 & 18.3 & 18.3 & 0 & 0 \\ 0 & 0 & 0 & 0.272 & 0.272 \end{vmatrix}$$

$$RD = \begin{vmatrix} 0 & 0 & 0 & 0 & 1 \\ 0 & 0 & 0 & 0 & 1 \\ 0 & 0 & 0 & 1 & 1 \\ 0 & 0 & 0 & 0 & 1 \\ 1 & 1 & 1 & 0 & 0 \\ 0 & 0 & 1 & 1 & 1 \\ 0 & 0.74 & 0.74 & 0.74 & 0.74 \\ 1 & 1 & 0 & 0 & 0 \\ 1 & 0 & 0 & 0 & 0 \\ 0.99 & 0.99 & 0.99 & 0.99 & 0.99 \\ 17.38 & 17.38 & 17.38 & 0 & 0 \\ 0 & 0 & 0 & 0 & 1 \end{vmatrix}$$

第六章 水环境质量的模糊综合评价

$$RE = \begin{vmatrix} 0 & 0 & 0 & 0 & 1 \\ 0 & 0 & 0 & 0 & 1 \\ 0 & 0 & 0 & 1 & 1 \\ 0 & 0 & 0 & 0.533 & 0.533 \\ 1 & 1 & 1 & 0 & 0 \\ 0 & 0 & 1 & 1 & 1 \\ 0 & 0.32 & 0.32 & 0.32 & 0.32 \\ 1 & 1 & 0 & 0 & 0 \\ 1 & 0 & 0 & 0 & 0 \\ 0.99 & 0.99 & 0.99 & 0.99 & 0.99 \\ 17.4 & 17.4 & 17.4 & 0 & 0 \\ 0 & 0 & 0 & 0 & 1 \end{vmatrix}$$

$$RF = \begin{vmatrix} 0 & 0 & 0.02 & 0.02 & 0 \\ 0 & 0 & 0 & 0.538 & 0.538 \\ 0 & 0 & 0 & 1 & 1 \\ 0 & 0 & 0 & 0 & 1 \\ 1 & 1 & 1 & 0 & 0 \\ 0 & 0 & 1 & 1 & 1 \\ 0 & 0.82 & 0.82 & 0.82 & 0.82 \\ 1 & 1 & 0 & 0 & 0 \\ 1 & 0 & 0 & 0 & 0 \\ 1 & 0 & 0 & 0 & 0 \\ 18.7 & 18.7 & 18.7 & 0 & 0 \\ 0 & 0 & 0 & 0 & 1 \end{vmatrix}$$

113

$$RG = \begin{vmatrix} 0 & 0 & 0 & 0 & 1 \\ 0 & 0 & 0 & 0 & 1 \\ 0 & 0 & 0 & 1 & 1 \\ 0 & 0 & 0 & 0 & 1 \\ 1 & 1 & 1 & 0 & 0 \\ 0 & 0 & 1 & 1 & 1 \\ 0 & 0.56 & 0.56 & 0.56 & 0.56 \\ 1 & 1 & 0 & 0 & 0 \\ 1 & 0 & 0 & 0 & 0 \\ 0.986 & 0.986 & 0.986 & 0.986 & 0.986 \\ 18.66 & 18.66 & 18.66 & 0 & 0 \\ 0 & 0 & 0 & 0 & 1 \end{vmatrix}$$

平水期各监测面的模糊关系矩阵 R，依次如下：

$$RA = \begin{vmatrix} 0 & 0 & 0 & 0 & 1 \\ 0 & 0 & 0 & 0 & 1 \\ 0 & 0 & 0 & 1 & 1 \\ 0 & 0 & 0 & 0 & 1 \\ 1 & 1 & 1 & 0 & 0 \\ 0 & 0 & 1 & 1 & 1 \\ 0.625 & 0.625 & 0.625 & 0.625 & 0 \\ 1 & 1 & 0 & 0 & 0 \\ 1 & 0 & 0 & 0 & 0 \\ 0.979 & 0.979 & 0.979 & 0.979 & 0.979 \\ 16.32 & 16.32 & 16.32 & 0 & 0 \\ 0 & 0 & 0 & 0 & 1 \end{vmatrix}$$

$$RB = \begin{vmatrix} 0 & 0 & 0.28 & 0.28 & 0 \\ 0 & 0 & 0 & 0 & 1 \\ 0 & 0 & 0 & 1 & 1 \\ 0 & 0 & 0 & 0.956 & 0.956 \\ 1 & 1 & 1 & 0 & 0 \\ 0 & 0 & 1 & 1 & 1 \\ 0.975 & 0.975 & 0.975 & 0.975 & 0 \\ 1 & 1 & 0 & 0 & 0 \\ 1 & 0 & 0 & 0 & 0 \\ 0.913 & 0.913 & 0.913 & 0.913 & 0.913 \\ 14.48 & 14.48 & 14.48 & 0 & 0 \\ 0.04 & 0.04 & 0.04 & 0.04 & 0 \end{vmatrix}$$

$$RC = \begin{vmatrix} 0 & 0 & 0.56 & 0.56 & 0 \\ 0 & 0 & 0 & 0 & 1 \\ 0 & 0 & 0 & 1 & 1 \\ 0 & 0 & 0 & 0 & 1 \\ 1 & 1 & 1 & 0 & 0 \\ 0 & 0 & 1 & 1 & 1 \\ 1 & 0 & 0 & 0 & 0 \\ 1 & 1 & 0 & 0 & 0 \\ 1 & 0 & 0 & 0 & 0 \\ 0.933 & 0.933 & 0.933 & 0.933 & 0.933 \\ 18.3 & 18.3 & 18.3 & 0 & 0 \\ 0 & 0 & 0 & 0 & 1 \end{vmatrix}$$

$$RD = \begin{vmatrix} 0 & 0 & 0 & 0.1 & 0.1 \\ 0 & 0 & 0 & 0 & 1 \\ 0 & 0 & 0 & 1 & 1 \\ 0 & 0 & 0 & 0.156 & 0.156 \\ 1 & 1 & 1 & 0 & 0 \\ 0 & 0 & 1 & 1 & 1 \\ 0.7 & 0.7 & 0.7 & 0.7 & 0 \\ 1 & 1 & 0 & 0 & 0 \\ 1 & 0 & 0 & 0 & 0 \\ 0.997 & 0.997 & 0.997 & 0.997 & 0.997 \\ 17.98 & 17.98 & 17.98 & 0 & 0 \\ 0 & 0 & 0 & 0 & 1 \end{vmatrix}$$

$$RE = \begin{vmatrix} 0 & 0 & 0 & 0 & 1 \\ 0 & 0 & 0 & 0 & 1 \\ 0 & 0 & 0 & 1 & 1 \\ 0 & 0 & 0 & 0.422 & 0.422 \\ 1 & 1 & 1 & 0 & 0 \\ 0 & 0 & 1 & 1 & 1 \\ 0.65 & 0.65 & 0.65 & 0.65 & 0 \\ 1 & 1 & 0 & 0 & 0 \\ 1 & 0 & 0 & 0 & 0 \\ 0.994 & 0.994 & 0.994 & 0.994 & 0.994 \\ 18.04 & 18.04 & 18.04 & 0 & 0 \\ 0 & 0 & 0 & 0 & 1 \end{vmatrix}$$

$$RF = \begin{vmatrix} 0 & 0 & 0 & 0 & 1 \\ 0 & 0 & 0 & 0 & 1 \\ 0 & 0 & 0 & 1 & 1 \\ 0 & 0 & 0 & 0 & 1 \\ 1 & 1 & 1 & 0 & 0 \\ 0 & 0 & 1 & 1 & 1 \\ 0.575 & 0.575 & 0.575 & 0.575 & 0 \\ 1 & 1 & 0 & 0 & 0 \\ 1 & 0 & 0 & 0 & 0 \\ 0.988 & 0.988 & 0.988 & 0.988 & 0.988 \\ 18.66 & 18.66 & 18.66 & 0 & 0 \\ 0 & 0 & 0 & 0 & 1 \end{vmatrix}$$

$$RG = \begin{vmatrix} 0 & 0 & 0 & 2.26 & 2.26 \\ 0 & 0 & 0 & 0 & 1 \\ 0 & 0 & 0 & 1 & 1 \\ 0 & 0 & 0 & 0.244 & 0.244 \\ 1 & 1 & 1 & 0 & 0 \\ 0 & 0 & 1 & 1 & 1 \\ 0.5 & 0.5 & 0.5 & 0.5 & 0 \\ 1 & 1 & 0 & 0 & 0 \\ 1 & 0 & 0 & 0 & 0 \\ 1 & 0 & 0 & 0 & 0 \\ 1 & 0 & 0 & 0 & 0 \\ 0 & 0 & 0 & 0 & 1 \end{vmatrix}$$

丰水期各监测面的模糊关系矩阵 R，依次如下：

$$RA = \begin{vmatrix} 0 & 0 & 0 & 0 & 1 \\ 0 & 0 & 0 & 0 & 1 \\ 0 & 0 & 0 & 1 & 1 \\ 0 & 0 & 0 & 0 & 1 \\ 1 & 1 & 1 & 0 & 0 \\ 0 & 0 & 1 & 1 & 1 \\ 0.825 & 0.825 & 0.825 & 0.825 & 0 \\ 1 & 1 & 0 & 0 & 0 \\ 1 & 0 & 0 & 0 & 0 \\ 0.98 & 0.98 & 0.98 & 0.98 & 0.98 \\ 17.36 & 17.36 & 17.36 & 0 & 0 \\ 0 & 0 & 0 & 0 & 1 \end{vmatrix}$$

$$RB = \begin{vmatrix} 0 & 0 & 0 & 0 & 1 \\ 0 & 0 & 0 & 0.004 & 0.004 \\ 0 & 0 & 0 & 1 & 1 \\ 0 & 0 & 0 & 0.844 & 0.844 \\ 1 & 1 & 1 & 0 & 0 \\ 0 & 0 & 1 & 1 & 1 \\ 1 & 0 & 0 & 0 & 0 \\ 1 & 1 & 0 & 0 & 0 \\ 1 & 0 & 0 & 0 & 0 \\ 0.978 & 0.978 & 0.978 & 0.978 & 0.978 \\ 16.56 & 16.56 & 16.56 & 0 & 0 \\ 0.28 & 0.28 & 0.28 & 0.28 & 0 \end{vmatrix}$$

$$RC = \begin{vmatrix} 0 & 0 & 0.593 & 0.593 & 0 \\ 0 & 0 & 0 & 0 & 1 \\ 0 & 0 & 0 & 1 & 1 \\ 1 & 1 & 0 & 0 & 0 \\ 1 & 1 & 1 & 0 & 0 \\ 0 & 0 & 1 & 1 & 1 \\ 1 & 0 & 0 & 0 & 0 \\ 1 & 1 & 0 & 0 & 0 \\ 1 & 0 & 0 & 0 & 0 \\ 0.921 & 0.921 & 0.921 & 0.921 & 0.921 \\ 18.3 & 18.3 & 18.3 & 0 & 0 \\ 0 & 0 & 0 & 0 & 1 \end{vmatrix}$$

$$RD = \begin{vmatrix} 0 & 0 & 0 & 0 & 1 \\ 0 & 0 & 0 & 0 & 1 \\ 0 & 0 & 0 & 1 & 1 \\ 0 & 0 & 0 & 0 & 1 \\ 1 & 1 & 1 & 0 & 0 \\ 0 & 0 & 1 & 1 & 1 \\ 0.75 & 0.75 & 0.75 & 0.75 & 0 \\ 1 & 1 & 0 & 0 & 0 \\ 1 & 0 & 0 & 0 & 0 \\ 0.991 & 0.991 & 0.991 & 0.991 & 0.991 \\ 17.42 & 17.42 & 17.42 & 0 & 0 \\ 0 & 0 & 0 & 0 & 1 \end{vmatrix}$$

$$RE = \begin{vmatrix} 0 & 0 & 0 & 0 & 1 \\ 0 & 0 & 0 & 0 & 1 \\ 0 & 0 & 0 & 1 & 1 \\ 0 & 0 & 0 & 0.533 & 0.533 \\ 1 & 1 & 1 & 0 & 0 \\ 0 & 0 & 1 & 1 & 1 \\ 0.8 & 0.8 & 0.8 & 0.8 & 0 \\ 1 & 1 & 0 & 0 & 0 \\ 1 & 0 & 0 & 0 & 0 \\ 0.984 & 0.984 & 0.984 & 0.984 & 0.984 \\ 17.58 & 17.58 & 17.58 & 0 & 0 \\ 0 & 0 & 0 & 0 & 1 \end{vmatrix}$$

$$RF = \begin{vmatrix} 0 & 0 & 0 & 0 & 1 \\ 0 & 0 & 0 & 0 & 1 \\ 0 & 0 & 0 & 1 & 1 \\ 1 & 1 & 0 & 0 & 0 \\ 1 & 1 & 1 & 0 & 0 \\ 0 & 0 & 1 & 1 & 1 \\ 0.95 & 0.95 & 0.95 & 0.95 & 0 \\ 1 & 1 & 0 & 0 & 0 \\ 1 & 0 & 0 & 0 & 0 \\ 1 & 0 & 0 & 0 & 0 \\ 1 & 0 & 0 & 0 & 0 \\ 0 & 0 & 0 & 0 & 1 \end{vmatrix}$$

$$RG = \begin{vmatrix} 0 & 0 & 0 & 0 & 1 \\ 0 & 0 & 0 & 0 & 1 \\ 0 & 0 & 0 & 1 & 1 \\ 0 & 0 & 0 & 0 & 1 \\ 1 & 1 & 1 & 0 & 0 \\ 0 & 0 & 1 & 1 & 1 \\ 0.7 & 0.7 & 0.7 & 0.7 & 0 \\ 1 & 1 & 0 & 0 & 0 \\ 1 & 0 & 0 & 0 & 0 \\ 0.988 & 0.988 & 0.988 & 0.988 & 0.988 \\ 17.96 & 17.96 & 17.96 & 0 & 0 \\ 0 & 0 & 0 & 0 & 1 \end{vmatrix}$$

平均状况各监测面的模糊关系矩阵 R，依次如下：

$$RA = \begin{vmatrix} 0 & 0 & 0 & 0.29 & 0.29 \\ 0 & 0 & 0 & 0 & 1 \\ 0 & 0 & 0 & 1 & 1 \\ 0 & 0 & 0 & 0 & 1 \\ 1 & 1 & 1 & 0 & 0 \\ 0 & 0 & 1 & 1 & 1 \\ 0.4 & 0.4 & 0.4 & 0.4 & 0 \\ 1 & 1 & 0 & 0 & 0 \\ 1 & 0 & 0 & 0 & 0 \\ 0.974 & 0.974 & 0.974 & 0.974 & 0.974 \\ 16.18 & 16.18 & 16.18 & 0 & 0 \\ 0 & 0 & 0 & 0 & 1 \end{vmatrix}$$

$$RB = \begin{vmatrix} 0 & 0 & 0 & 0.62 & 0.62 \\ 0 & 0 & 0 & 0.762 & 0.762 \\ 0 & 0 & 0 & 1 & 1 \\ 0 & 0 & 0 & 0.967 & 0.967 \\ 1 & 1 & 1 & 0 & 0 \\ 0 & 0 & 1 & 1 & 1 \\ 1 & 0 & 0 & 0 & 0 \\ 1 & 1 & 0 & 0 & 0 \\ 1 & 0 & 0 & 0 & 0 \\ 0.914 & 0.914 & 0.914 & 0.914 & 0.914 \\ 16.54 & 16.54 & 16.54 & 0 & 0 \\ 0 & 0 & 0 & 0.936 & 0.936 \end{vmatrix}$$

$$RC = \begin{vmatrix} 0 & 0.16 & 0.16 & 0 & 0 \\ 0 & 0 & 0 & 0 & 1 \\ 0 & 0 & 0 & 1 & 1 \\ 0 & 0 & 0 & 0.467 & 0.467 \\ 1 & 1 & 1 & 0 & 0 \\ 0 & 0 & 1 & 1 & 1 \\ 1 & 0 & 0 & 0 & 0 \\ 1 & 1 & 0 & 0 & 0 \\ 1 & 0 & 0 & 0 & 0 \\ 0.938 & 0.938 & 0.938 & 0.938 & 0.938 \\ 18.3 & 18.3 & 18.3 & 0 & 0 \\ 0 & 0 & 0 & 0 & 1 \end{vmatrix}$$

$$RD = \begin{vmatrix} 0 & 0 & 0 & 0 & 1 \\ 0 & 0 & 0 & 0 & 1 \\ 0 & 0 & 0 & 1 & 1 \\ 0 & 0 & 0 & 0 & 1 \\ 1 & 1 & 1 & 0 & 0 \\ 0 & 0 & 1 & 1 & 1 \\ 0.375 & 0.375 & 0.375 & 0.375 & 0 \\ 1 & 1 & 0 & 0 & 0 \\ 1 & 0 & 0 & 0 & 0 \\ 0.983 & 0.983 & 0.983 & 0.983 & 0.983 \\ 17.6 & 17.6 & 17.6 & 0 & 0 \\ 0 & 0 & 0 & 0 & 1 \end{vmatrix}$$

$$RE = \begin{vmatrix} 0 & 0 & 0 & 0 & 1 \\ 0 & 0 & 0 & 0 & 1 \\ 0 & 0 & 0 & 1 & 1 \\ 0 & 0 & 0 & 0.5 & 0.5 \\ 1 & 1 & 1 & 0 & 0 \\ 0 & 0 & 1 & 1 & 1 \\ 0.2 & 0.2 & 0.2 & 0.2 & 0 \\ 1 & 1 & 0 & 0 & 0 \\ 1 & 0 & 0 & 0 & 0 \\ 0.989 & 0.989 & 0.989 & 0.989 & 0.989 \\ 17.68 & 17.68 & 17.68 & 17.68 & 0 \\ 0 & 0 & 0 & 0 & 1 \end{vmatrix}$$

$$RF = \begin{vmatrix} 0 & 0 & 0 & 0.31 & 0.31 \\ 0 & 0 & 0 & 0 & 1 \\ 0 & 0 & 0 & 1 & 1 \\ 0 & 0 & 0 & 10.222 & 10.222 \\ 1 & 1 & 1 & 0 & 0 \\ 0 & 0 & 1 & 1 & 1 \\ 0.4 & 0.4 & 0.4 & 0.4 & 0 \\ 1 & 1 & 0 & 0 & 0 \\ 1 & 0 & 0 & 0 & 0 \\ 1 & 0 & 0 & 0 & 0 \\ 1 & 0 & 0 & 0 & 0 \\ 0 & 0 & 0 & 0 & 1 \end{vmatrix}$$

$$RG = \begin{vmatrix} 0 & 0 & 0 & 0 & 1 \\ 0 & 0 & 0 & 0 & 1 \\ 0 & 0 & 0 & 1 & 1 \\ 0 & 0 & 0 & 0 & 1 \\ 1 & 1 & 1 & 0 & 0 \\ 0 & 0 & 1 & 1 & 1 \\ 0.25 & 0.25 & 0.25 & 0.25 & 0 \\ 1 & 1 & 0 & 0 & 0 \\ 1 & 0 & 0 & 0 & 0 \\ 0.987 & 0.987 & 0.987 & 0.987 & 0.987 \\ 18.42 & 18.42 & 18.42 & 0 & 0 \\ 0 & 0 & 0 & 0 & 1 \end{vmatrix}$$

（四）确定评价因素的模糊权向量

在模糊综合评价模型中，权重反映了各个因素在综合决策过程中的地位及所起的作用，它直接影响综合评价的结果。根据污染物对水质的污染大权重应大和污染小权重应小的原则，决定各指标权重的大小。其计算式为：对

越小越优型为 $a_i = c_i/s_i$，对溶解氧越大越优型 $a_i = b_i/c_i$。其中 a_i、c_i、b_i、s_i 分别为第 i 种评价指标权重、实测浓度值、多级浓度标准值的最小值、多级浓度标准值的最大值。为了进行模糊复合运算，各单因素权重必须归一化处理，即 $a_i = a_i/\sum a_i$。应用以上公式后分别得到不同水期的 7 个监测面的权重集。

枯水期各监测面的权重集如下：

A 向量（0.006，0.026，0.159，0.567，0.002，0.118，0.006，0.000，0.001，0.000，0.001，0.114）

B 向量（0.024，0.005，0.417，0.001，0.006，0.490，0.004，0.002，0.005，0.008，0.002，0.036）

C 向量（0.011，0.020，0.598，0.001，0.010，0.317，0.005，0.002，0.004，0.002，0.001，0.030）

D 向量（0.102，0.034，0.361，0.100，0.006，0.276，0.019，0.002，0.003，0.001，0.002，0.096）

E 向量（0.150，0.040，0.329，0.010，0.003，0.175，0.016，0.001，0.002，0.000，0.001，0.272）

G 向量（0.062，0.031，0.386，0.042，0.006，0.337，0.022，0.002，0.003，0.001，0.001，0.107）

平水期各监测面的权重集如下：

A 向量（0.031，0.062，0.281，0.236，0.004，0.315，0.006，0.001，0.003，0.001，0.002，0.057）

B 向量（0.037，0.049，0.437，0.006，0.007，0.423，0.005，0.002，0.004，0.004，0.006，0.020）

C 向量（0.014，0.034，0.630，0.048，0.005，0.199，0.002，0.001，0.003，0.002，0.001，0.061）

D 向量（0.031，0.033，0.548，0.028，0.005，0.259，0.007，0.002，0.003，0.000，0.002，0.082）

E 向量（0.037，0.040，0.534，0.022，0.006，0.279，0.008，0.002，0.003，0.001，0.002，0.066）

F 向量（0.048, 0.238, 0.393, 0.042, 0.004, 0.109, 0.016, 0.003, 0.005, 0.000, 0.001, 0.140）

G 向量（0.051, 0.044, 0.413, 0.053, 0.006, 0.346, 0.010, 0.002, 0.004, 0.001, 0.001, 0.069）

丰水期各监测面的权重集如下：

A 向量（0.019, 0.056, 0.242, 0.366, 0.004, 0.224, 0.003, 0.001, 0.002, 0.001, 0.001, 0.082）

B 向量（0.048, 0.037, 0.423, 0.009, 0.006, 0.449, 0.004, 0.002, 0.004, 0.001, 0.003, 0.014）

C 向量（0.013, 0.045, 0.683, 0.001, 0.010, 0.180, 0.003, 0.001, 0.003, 0.003, 0.001, 0.057）

D 向量（0.101, 0.049, 0.419, 0.054, 0.005, 0.264, 0.007, 0.002, 0.004, 0.001, 0.002, 0.092）

E 向量（0.096, 0.057, 0.424, 0.017, 0.005, 0.248, 0.006, 0.002, 0.003, 0.001, 0.002, 0.140）

G 向量（0.063, 0.057, 0.400, 0.055, 0.005, 0.297, 0.007, 0.002, 0.003, 0.001, 0.002, 0.107）

平均情况各监测面的权重集如下：

A 向量（0.013, 0.041, 0.206, 0.446, 0.003, 0.186, 0.005, 0.001, 0.002, 0.001, 0.001, 0.094）

B 向量（0.032, 0.032, 0.427, 0.006, 0.006, 0.455, 0.004, 0.002, 0.004, 0.004, 0.004, 0.023）

C 向量（0.012, 0.034, 0.637, 0.018, 0.012, 0.225, 0.003, 0.002, 0.003, 0.002, 0.001, 0.051）

D 向量（0.059, 0.039, 0.451, 0.063, 0.005, 0.273, 0.012, 0.002, 0.003, 0.001, 0.002, 0.092）

E 向量（0.061, 0.047, 0.429, 0.016, 0.005, 0.234, 0.012, 0.001, 0.003, 0.001, 0.002, 0.191）

F 向量（0.059, 0.154, 0.373, 0.055, 0.008, 0.205, 0.023, 0.003,

0.007，0.000，0.001，0.111）

G 向量（0.058，0.044，0.400，0.050，0.006，0.326，0.013，0.002，0.003，0.001，0.001，0.096）

（五）计算加权平均模糊合成算子

将 A 与 R 合成得到模糊综合评价结果向量 B，采用加权平均型的模糊合成算子的计算公式为：$b_j = \sum_{i=1}^{p}(a_i \cdot r_{ij})$，j=1，2，…m。其中：$b_j$、$a_i$、$r_{ij}$ 分别为隶属于第 j 等级的隶属度、第 i 个评价指标的权重、第 i 个评价指标隶属于第 j 等级的隶属度。由以上公式可以得出不同水期及平均状况下 7 个监测面的模糊综合评价向量 B 及评价结果（见表 6-6～表 6-9）

表 6-6　枯水期各监测断面的模糊综合评价向量及评价结果

监测断面	b_1	b_2	b_3	b_4	b_5	评价结果
A	0.021	0.025	0.144	0.283	0.989	Ⅴ类
B	0.062	0.049	0.548	0.945	0.932	Ⅳ类
C	0.054	0.050	0.367	0.936	0.925	Ⅳ类
D	0.046	0.057	0.331	0.652	0.983	Ⅴ类
E	0.028	0.032	0.206	0.515	0.977	Ⅴ类
F	0.063	0.088	0.431	0.701	0.898	Ⅴ类
G	0.021	0.025	0.144	0.283	0.989	Ⅴ类

表 6-7　平水期各监测断面的模糊综合评价向量及评价结果

监测断面	b_1	b_2	b_3	b_4	b_5	评价结果
A	0.050	0.048	0.362	0.601	0.984	Ⅴ类
B	0.107	0.103	0.523	0.885	0.928	Ⅴ类
C	0.035	0.030	0.236	0.839	0.974	Ⅴ类
D	0.045	0.042	0.299	0.820	0.930	Ⅴ类
E	0.048	0.044	0.322	0.829	0.967	Ⅴ类
F	0.022	0.015	0.121	0.532	0.902	Ⅴ类
G	0.041	0.037	0.382	0.766	0.978	Ⅴ类

表6-8　丰水期各监测断面的模糊综合评价向量及评价结果

监测断面	b1	b2	b3	b4	b5	评价结果
A	57.119	8.715	0.572	0.807	0.943	Ⅰ类
B	90.750	5.622	0.461	0.881	0.928	Ⅰ类
C	144.836	6.807	0.207	0.870	0.908	Ⅰ类
D	91.453	7.580	0.464	0.873	0.892	Ⅰ类
E	93.509	8.708	0.441	0.865	0.835	Ⅰ类
F	110.766	22.416	1.591	2.022	0.871	Ⅰ类
G	88.758	8.848	0.553	0.942	0.878	Ⅰ类

表6-9　平均状况下各监测断面的模糊综合评价向量及评价结果

监测断面	b1	b2	b3	b4	b5	评价结果
A	0.031	0.029	0.215	0.399	0.979	Ⅴ类
B	0.082	0.073	0.526	0.957	0.957	Ⅳ类，Ⅴ类
C	0.046	0.042	0.265	0.873	0.957	Ⅴ类
D	0.050	0.047	0.318	0.728	0.976	Ⅴ类
E	0.041	0.038	0.271	0.703	0.970	Ⅴ类
F	0.029	0.020	0.222	1.165	1.421	Ⅴ类
G	0.039	0.036	0.360	0.730	0.975	Ⅴ类

三、结果分析

根据地表水环境质量评价应实现水域环境功能类别（见表6-10），以及评价结果应说明水质达标情况，由以上得出的模糊综合评价结果可以看出：

表6-10　水域环境功能及保护目标

标准分类	地表水水域环境功能及保护目标
Ⅰ类	主要适用于源头水、国家自然保护区
Ⅱ类	主要适用于集中式生活饮用地表水源地一级保护区、珍稀水生生物栖息地、鱼虾类产卵场、仔稚幼鱼的索饵场等

续表

标准分类	地表水水域环境功能及保护目标
Ⅲ类	主要适于集中式生活饮用水地表水源地二级保护区、鱼虾类越冬场、洄游通道、水产养殖区等渔业水域及游泳区
Ⅳ类	主要适用于一般工业用水区及人体非直接接触的娱乐用水区
Ⅴ类	主要适用于农业用水区及一般景观要求水域

总的来看即在平均情况下，7个断面的水质等级都为Ⅴ类，B断面是Ⅳ类或Ⅴ类。根据地面水环境质量Ⅴ类标准，各断面的超标项目及超标倍数（见表6-11）。可见，从平均情况来看呼和浩特市地表水污染较为严重，均达到Ⅴ类。D，G断面的超标项目最多，氨氮、汞这两个指标在7个断面都有不同程度的超标。挥发酚指标在A断面监测下超标倍数最多，超标倍数达到28.46。高锰酸盐指数指标在C断面监测下超标倍数最少，超标倍数为0.089。

表6-11 在平均情况下各断面的超标项目及超标倍数

超标倍数\监测断面\超标指标	A	B	C	D	E	F	G
溶解氧	—	—	—	0.435	0.53	—	0.425
高锰酸盐指数	1.723	—	0.089	0.169	0.642	1.255	0.326
氨氮	12.629	9.045	19.628	12.552	14.025	4.46	11.002
挥发酚	28.46	—	—	0.89	—	—	0.5
汞	11.3	9.7	6.3	7.2	7.2	2	8.8
石油类	5.214	—	0.646	1.759	5.703	0.624	1.889

（注："—"表示没有超标情况）

下面从不同分水期来进行水质评价：

在枯水期时，7个断面的水质等级几乎为Ⅴ类，除了B和C断面是Ⅳ类，其他断面都为Ⅴ类。根据地面水环境质量Ⅳ类、Ⅴ类标准，各断面的超标项目及超标倍数（见表6-12）。可见，在枯水期呼和浩特市地表水污染较为严重，有的超标甚至高达数十倍。D，G断面的超标项目最多，氨氮、汞、石油类这三个指标在 7 个断面都有不同程度的超标。挥发酚指标在 A 断面监测下超标倍数最多，超标倍数达到 58.93。高锰酸盐指数指标在 G 断面监测下超标倍数最少，超标倍数为 0.024。

表 6–12　枯水期各断面的超标项目及超标倍数

超标倍数\监断面\超标指标	A	B	C	D	E	F	G
溶解氧	—	—	—	0.7	0.87	—	0.505
高锰酸盐指数	1.719	—	—	0.095	1.051	—	0.024
氨氮	15.771	7.506	15.9885	10.798	15.930	3.226	11.578
挥发酚	58.93	—	—	2.26	—	0.59	0.38
汞	11.5	9	8	8	8	4	10
石油类	11.012	0.48	0.728	2.13	13	0.276	2.501

（注："—"表示没有超标情况）

在平水期，7 个断面的水质等级都为 V 类。根据地面水环境质量 V 类标准，各断面的超标项目及超标倍数（见表 6–13）。可见，A、G 断面的超标项目最多，高锰酸盐指数、氨氮和汞这三个指标在 7 个断面都有不同程度的超标。污染指标的项目和枯水期的相同，但超标项目的最大超标倍数是 21.111，不及枯水期的超标项目的最大超标倍数。氨氮指标在 C 断面监测下超标倍数最多，超标倍数达 21.111。高锰酸盐指数指标在 D 断面监测下超标倍数最少，超标倍数为 0.015。

表 6–13　平水期各断面的超标项目及超标倍数

超标倍数\监断面\超标指标	A	B	C	D	E	F	G
溶解氧	0.2	—	—	—	0.06	—	0.29
高锰酸盐指数	1.465	0.148	0.188	0.015	0.156	3.386	0.219
氨氮	10.155	9.343	21.111	15.937	14.306	6.24	10.318

续表

超标指标\监断面超标倍数	A	B	C	D	E	F	G
挥发酚	8.38	—	0.69	—	—	—	0.44
汞	11.5	9	6	7	7	1	8.5
石油类	1.256	—	1.156	1.522	0.89	1.574	0.9

（注："—"表示没有超标情况）

在丰水期，7个断面的水质等级都为Ⅰ类。根据地面水环境质量Ⅰ类标准，各断面的超标项目及超标倍数见表6-14。可见，按照地面水环境质量Ⅰ类标准丰水期时超标项目增加了铬（六价）、铜、锌指标，溶解氧、高锰酸盐指数、氨氮、汞及石油类这五个指标在7个断面都有不同程度的超标，A，D，E，G断面的超标项目最多。溶解氧、高锰酸盐指数、氨氮、汞和石油类这五个指标在7个断面都有不同程度的超标。此期污染指标氨氮在C断面监测下超标倍数最多，超标倍数达到454.66。铬（六价）指标在F断面监测下超标倍数最少，超标倍数为0.2。

表6-14 丰水期各断面的超标项目及超标倍数

超标指标\监断面超标倍数	A	B	C	D	E	F	G
溶解氧	0.74	0.79	0.36	0.91	0.91	0.78	0.86
高锰酸盐指数	21.4	6.49	10.32	9.49	11.89	10.68	12.02
氨氮	258.19	224.73	454.66	237.42	255.76	97.26	241.19
挥发酚	979	11	—	76	25	—	83
汞	23	23	11	14	14	3	17
铬（六价）	0.7	—	—	1	0.8	0.2	1.2
铜	2	2.2	7.8	0.9	1.6	—	1.2
锌	1.64	2.44	0.7	1.58	1.42	—	1.04
石油类	86.48	6.48	37.34	51.52	83.72	19.44	64.12

（注："—"表示没有超标情况）

第二节 地下水环境质量评价

水资源短缺和水环境恶化已经成为世界范围内面临的严重问题。特别是随着工农业的发展、城市人口的激增，干旱半干旱地区城市缺水问题尤为突出，已经成为制约一个城市经济、社会和生态发展的瓶颈。呼和浩特市位于黄河水系哈拉沁沟、红山口沟、坝口子沟、乌素图沟及大、小黑河形成的冲积平原上，属于呼包断陷盆地的一部分。规划区由市辖四区及位于土左旗台阁牧乡的金川开发区组成，建成区面积143平方公里，2005年市区人口总量达到1.10×10^6人，国内生产总值532.65亿元，连续几年增速在27个省会（首府）城市居于首位，是内蒙古省域经济发展最活跃的地区之一。然而，近几年来，随着社会经济的不断发展，规划区人口急剧膨胀，工农业迅速崛起，造成区内地表水资源利用不足，地下水资源长期超采，生活污水和工业废水低处理水平的任意排放以及上游补给区生态环境的恶化。水环境污染已趋加重，水资源可利用量逐年衰减，水资源的开源与节流、供给与需求、短缺与浪费、用水和防污之间矛盾日益加剧，水资源短缺已经成为下一步经济发展和社会进步的严重障碍。本文利用国家地下水水质评价标准（GB3838—1999）（见表6-15）和表征水环境的13项实测指标，运用模糊评价法确定实测指标值和各级标准序列间的隶属度，进而通过确定水质级别来对呼和浩特市水环境质量进行综合评判，以期为遏制水环境恶化提供依据。

表6-15 地下水水质评价标准（GB3838-1999）

评价指标		PH值	总硬度 mg/l	高锰酸钾指数 mg/l	氨氮 mg/l	亚硝酸盐 mg/l	硝酸盐 mg/l	挥发性酚类 mg/l	氰化物 mg/l	砷 mg/l	汞 mg/l	六价铬 mg/l	铅 mg/l	镉 mg/l
评价等级	Ⅰ	7	75	0.5	0.01	5E-04	1	5E-04	5E-04	0.0025	3E-05	0.0025	0.0025	5E-05
	Ⅱ	6	150	1.5	0.01	5E-04	2.5	5E-04	0.005	0.005	0.0003	0.005	0.005	0.0005
	Ⅲ	5	225	2.0	0.1	0.01	10	0.001	0.025	0.025	0.0005	0.025	0.025	0.005
	Ⅳ	3	275	5	0.25	0.05	15	0.005	0.025	0.025	0.0005	0.05	0.05	0.005
	Ⅴ	2	550	10	0.5	0.1	30	0.01	0.1	0.05	0.001	0.1	0.1	0.01

一、地下水环境特征

呼和浩特市北部为山前冲洪积扇裙组成的山前倾斜平原，南部为大黑河冲积湖积平原。地势东北高、西南低，海拔高程990—1200米，地形平坦开阔，地势坡降山前为6－22‰，平原区为2‰，是较为完整的城市供水水文地质单元。地下水径流畅通，水循环快，溶滤作用较强，水质良好，适于生产生活用水。呼和浩特盆地第四系松散岩类孔隙水含水层是规划区主要含水层，有两个含水岩组：浅部为上更新统—全新统含水岩组，以潜水为主，局部为承压水；深部为中更新统含水岩组，为承压水或自流水。不同层次地下水指标见表6－16。

表6－16 呼和浩特市地下水环境监测指标值

年份	地下水分层	PH值	总硬度 mg/l	高锰酸钾指数 mg/l	氨氮 mg/l	亚硝酸盐 mg/l	硝酸盐 mg/l	挥发性酚类 mg/l	氰化物 mg/l	砷 mg/l	汞 mg/l	六价铬 mg/l	铅 mg/l	镉 mg/l
1995	浅层	7.6	304.3	1.14	0.014	0.05	9.629	0.003	0.017	0.009	8E－05	0.019	0.005	0.001
	深层	7.9	133.2	0.93	0.016	0.04	2.851	0.001	0.002	0.006	1E－05	0.014	0.005	0.001
2005	浅层	7.6	231.8	4.17	0.34	0.045	3.23	0.003	0.002	0.004	0.0062	0.0112	0.005	0.001
	深层	7.2	93.07	0.92	0.07	0.003	0.001	0.01	0.002	0.004	0.0002	0.002	0.005	0.001

注：数据来自呼和浩特市环保局

二、评价方法选择

模糊评价法是一种运用模糊变换原理分析和评价模糊系统的方法。它是一种以模糊推理为主的定性与定量相结合、精确与非精确相统一的分析评价方法。此方法在处理各种难以用精确数学方法描述的复杂系统方面，表现出了独特的优越性。但地下水环境质量是一类多要素的复杂系统，其内部诸要素之间的相互作用关系及各要素对水环境系统功能影响程度在量上是难以精确衡量的，即系统具有"模糊性"特征。另外，地下水环境质量是一个包含若干不同层次子系统的复合系统，其系统功能从整体上来说是一种综合功能，具有"多属性"特点。因此，地下水环境质量评价是一种多属性或多准则评价问题。这就要求我们必须根据评价问题的性质、目标、要求等选择适宜的评价模型和方法。在这一方面，模糊综合评价法为我们提供了一种有效的方法。笔者将这种方法应用在地下水环境质量评价中。

三、评价模型的建立

（一）各项因子权系数的计算

根据公式 $W_i = \frac{A_i}{S_i} / \sum_1^{13} \frac{A_i}{S_i}$ [4]，式中 A_i 为第 i 项评价因子的实测值，S_i 为评价因子五级标准的平均值。计算得各因子的权重系数矩阵 W（见表6–17）。

表6–17 各因子的权重系数矩阵 W

年份	层次	PH值	总硬度	高锰酸钾指数	氨氮	亚硝酸盐	硝酸盐	挥发性酚类	氰化物	砷	汞	六价铬	铅	镉
			mg/l	mg/l	mg/l	mg/l	mg/l	mg/l	mg/l	mg/l	mg/l	mg/l	mg/l	mg/l
1995	浅层	0.2	0.141	0.04	0.01	0.184	0.097	0.104	0.056	0.0495	0.0208	0.0615	0.0162	0.0288
	深层	0.3	0.095	0.05	0.017	0.227	0.044	0.054	0.01	0.0509	0.004	0.0699	0.025	0.0444
2005	浅层	0.1	0.04	0.05	0.086	0.062	0.012	0.033	0.002	0.0082	0.6026	0.0136	0.0061	0.0108
	深层	0.2	0.054	0.04	0.06	0.014	1E−05	0.436	0.008	0.0276	0.0652	0.0081	0.0203	0.0361

（二）确定各项因子对各类水质级别的隶属度函数

建立的隶属度函数如下：

第Ⅰ类水：

$$U_1 = \begin{cases} 1 & A_i \leq S_1 \\ \dfrac{S_2 - A_i}{S_2 - S_1} & S_1 < A_i < S_2 \\ 0 & A_i \geq S_2 \end{cases}$$

第Ⅱ、Ⅲ、Ⅳ类水，式中 j = 2~4

$$U_j = \begin{cases} 1 & A_i = S_j \\ \dfrac{A_i - S_{j-1}}{S_j - S_{j-1}} & S_{j-1} < A_i < S_j \\ \dfrac{S_{j+1} - A_i}{S_{j+1} - S_j} & S_j < A_i < S_{j+1} \\ 0 & A_i \leq S_{j-1} \text{ 或 } A_i \geq S_{j+1} \end{cases}$$

第Ⅴ类水：

$$U_5 = \begin{cases} 1 & A_i \geqslant S_5 \\ \dfrac{S_5 - A_i}{S_5 - S_4} & S_4 < A_i < S_5 \\ 0 & A_i \leqslant S_4 \end{cases}$$

式中：A_i 为第 i 项评价因子的实测值，S_1、S_2、S_3、S_4、S_5 为评价因子在五类中的标准值。

通过隶属函数确定隶属度矩阵 R（见表 6-18）。

表 6-18 隶属度矩阵 R

1995	浅层	Ⅰ	0.00	0.00	0.36	0.00	0.00	0.00	0.00	0.00	0.00	0.76	0.00	0.00	0.00
		Ⅱ	0.00	0.00	0.64	0.96	0.00	0.05	0.00	0.40	0.80	0.24	0.30	1.00	0.89
		Ⅲ	0.00	0.00	0.00	0.04	0.00	0.95	0.50	0.60	0.20	0.00	0.70	0.00	0.11
		Ⅳ	0.00	0.89	0.00	0.00	1.00	0.00	0.50	0.00	0.00	0.00	0.00	0.00	0.00
		Ⅴ	1.00	0.89	0.00	0.00	0.00	0.00	0.00	0.00	0.00	0.00	0.00	0.00	0.00
	深层	Ⅰ	0.00	0.22	0.57	0.00	0.00	0.00	0.00	0.67	0.00	1.00	0.00	0.00	0.00
		Ⅱ	0.00	0.78	0.43	0.93	0.00	0.95	0.00	0.33	0.95	0.00	0.55	1.00	0.89
		Ⅲ	0.00	0.00	0.00	0.07	0.25	0.05	1.00	0.00	0.05	0.00	0.45	0.00	0.11
		Ⅳ	0.00	0.00	0.00	0.00	0.75	0.00	0.00	0.00	0.00	0.00	0.00	0.00	0.00
		Ⅴ	1.00	0.00	0.00	0.00	0.00	0.00	0.00	0.00	0.00	0.00	0.00	0.00	0.00
2005	浅层	Ⅰ	0.00	0.00	0.00	0.00	0.00	0.00	0.00	0.67	0.40	0.00	0.00	0.00	0.00
		Ⅱ	0.00	0.00	0.00	0.00	0.00	0.90	0.00	0.33	0.60	0.00	0.69	1.00	0.89
		Ⅲ	0.00	0.86	0.28	0.00	0.13	0.10	0.63	0.00	0.00	0.00	0.31	0.00	0.11
		Ⅳ	0.00	0.14	0.72	0.64	0.88	0.00	0.38	0.00	0.00	0.00	0.00	0.00	0.00
		Ⅴ	1.00	0.00	0.00	0.64	0.00	0.00	0.00	0.00	0.00	0.00	0.00	0.00	0.00
	深层	Ⅰ	0.00	0.76	0.58	0.00	0.00	1.00	0.00	0.67	0.40	0.22	1.00	0.00	0.00
		Ⅱ	0.00	0.24	0.42	0.33	0.74	0.00	0.00	0.33	0.60	0.78	0.00	1.00	0.89
		Ⅲ	0.00	0.00	0.00	0.67	0.26	0.00	0.00	0.00	0.00	0.00	0.00	0.00	0.11
		Ⅳ	0.00	0.00	0.00	0.00	0.00	0.00	0.00	0.00	0.00	0.00	0.00	0.00	0.00
		Ⅴ	1.00	0.00	0.00	0.00	0.00	0.00	1.00	0.00	0.00	0.00	0.00	0.00	0.00

(三) 复合矩阵运算，进行综合评判

根据公式 B = W·R 计算得综合评判矩阵 B。

从表 6-19 可以看出，1995 年浅层地下水隶属于三级水质级别，深层地下水隶属于四级水质级别，而 2005 年则浅层和深层地下水均隶属于四级水质级别，说明 1995—2005 期间呼和浩特市地下水水质下降，水环境发生恶化。

表 6-19　综合评判矩阵 B

水质级别		Ⅰ	Ⅱ	Ⅲ	Ⅳ	Ⅴ
1995	浅层	0.028	0.164	0.362	0.322	0.235
	深层	0.058	0.306	0.170	0.314	0.153
2005	浅层	0.005	0.042	0.162	0.732	0.083
	深层	0.101	0.181	0.000	0.670	0.047

第七章 水资源承载力分析

第一节 研究内容、方法与技术路线

一、研究内容

主要研究内容是从呼和浩特市水资源的现状及存在的问题出发,建立呼和浩特市水资源承载力模型,预测呼和浩特市未来20年的水资源承载的人口及用水量,比较设计的承载力方案来制定优化配置方案,合理的配置呼和浩特市的水资源。合理开发利用水资源不仅可以给人类带来巨大效益而且可以改善生态环境。所以,本文结合呼和浩特市水资源优化配置与生态环境建设来研究该地区的水资源优化配置的方案来实现可持续发展。

二、研究方法与技术路线

（一）研究方法—系统动力学模型（SD模型）

系统动力学方法是一种以反馈控制理论为基础,计算机仿真技术为手段的研究复杂社会经济系统的定量方法。由美国麻省理工学院福里斯特（J. W Forreester）于20世纪50年代中期创立。是一种定性与定量相结合,系统、分析、综合与推理集成的方法,并配有专门的DYNAMO软件,它给模型方针、政策模拟带来很大方便,可以较好地把握系统的各种反馈关系,适合于具有高阶次、非线性、多重反馈、机理复杂和时变特征的系统问题,成为研究大系统运动规律的理想方法。其本质是用一阶微分方程组描述系统各状态变量的变化率对各种状态变量或特定输入等的依存关系。根据实际系统的情况和研究的需要,可将变化率的描述分解为若干流率的描述。这样使得物理、经济概念明确，不仅利于建模，而且有利于政策试验以寻求系统中合适的控制点。但用该方法对长期发展情况进行模拟时，由于参变量不好掌握，易导致不合理的结论，因而系统动力学方法大多应用于中短期发展情况模拟。随系统动力学在多领域的广泛应用，其方法也不断地更新，在20世纪80年代涌现出一批系统动力学专用模拟分析软件中，vensim（Ventata Simulation）是其中具有代表性的一种。它是一个可视化应用软件。

（二）技术路线

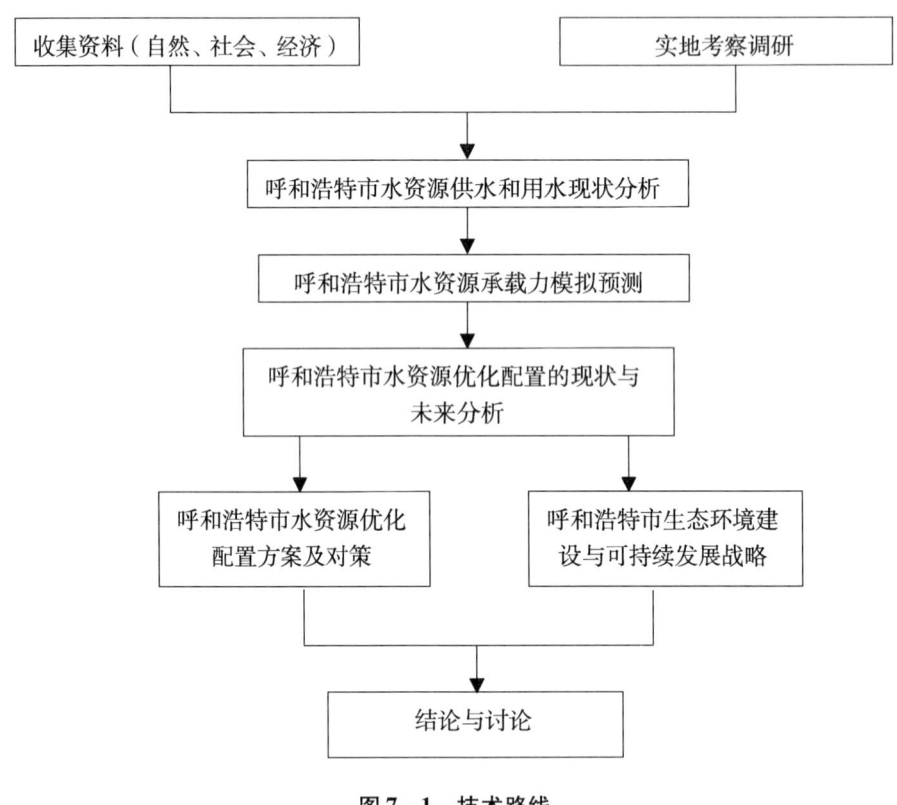

```
收集资料（自然、社会、经济）      实地考察调研
              │                      │
              └──────────┬───────────┘
                         ↓
            呼和浩特市水资源供水和用水现状分析
                         ↓
            呼和浩特市水资源承载力模拟预测
                         ↓
            呼和浩特市水资源优化配置的现状与
                       未来分析
                         ↓
              ┌──────────┴───────────┐
              ↓                      ↓
    呼和浩特市水资源优化      呼和浩特市生态环境建
       配置方案及对策           设与可持续发展战略
              │                      │
              └──────────┬───────────┘
                         ↓
                    结论与讨论
```

图 7-1 技术路线

第二节 水资源承载力系统动力学模型的构建

一、呼和浩特市水资源承载力系统

系统动力学认为，系统的基本结构是反馈回路，反馈回路是系统状态、速率与信息的耦合回路，它们对应系统的三个部分分别是单元、运动与信息。一个复杂系统的结构由若干个相互作用的反馈回路耦合而成，反馈回路的交叉、相互作用的总功能，反映了系统的动态行为特性。构建系统的反馈结构，首先要分析系统的整体与局部的关系，将系统划分为若干子系统（子块），然后分析各子系统内部及子系统间的因果关系，绘制因果关系图，根据因果关系图做出系统流程图，系统的反馈结构在因果关系图和流程图中得以充分体现。根据系统理论的分解协调原理（即整体与局部关系原理），并考虑资料的占有情况，将呼和浩特市水资源承载力系统分为八个子系统：人口子系统、水资源开发子系统、生活用水子系统、农业子系统、生态环境用水子系统、工业子系统、可供水量子系统及污水处理子系统（图7-2）。

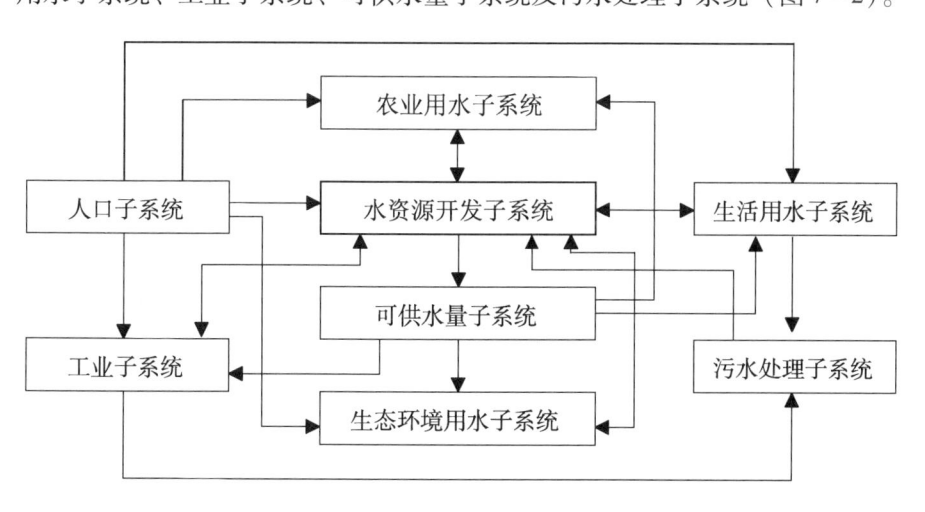

图7-2 水资源承载力系统

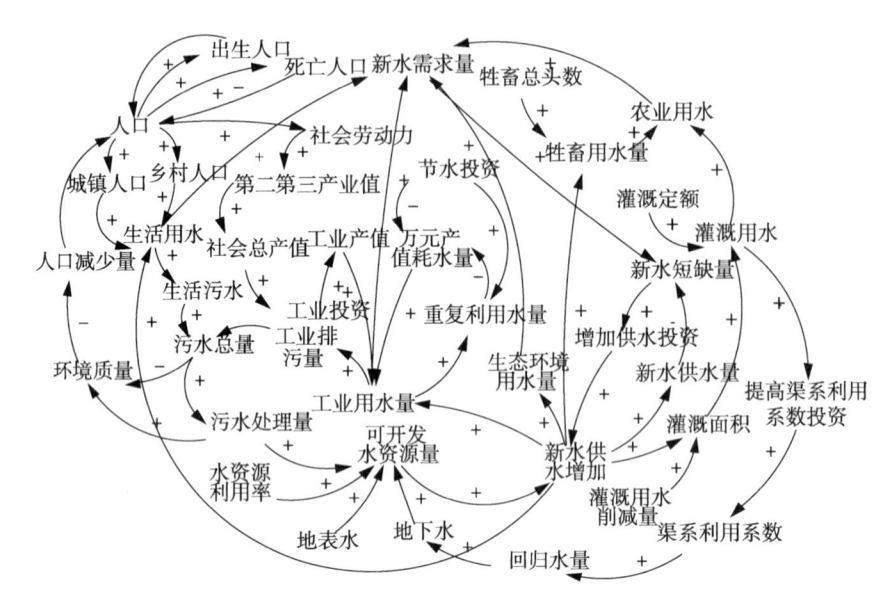

图 7-3　水资源承载力因果关系图

根据呼和浩特市实际情况，建立了因果关系图由 11 个主要反馈环组成，7 个正反馈环和 4 个负反馈环。

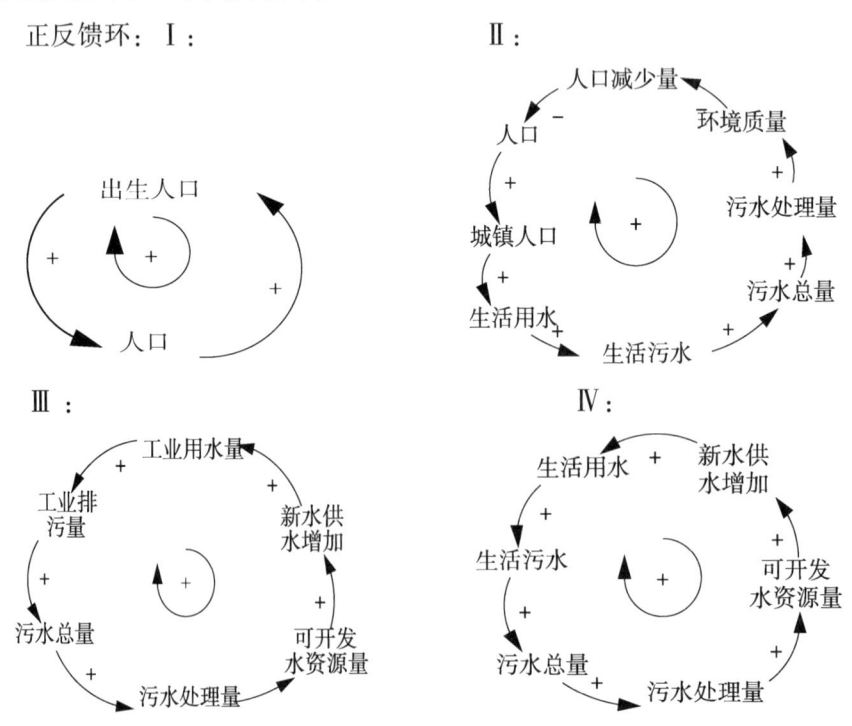

正反馈环：Ⅰ：

Ⅱ：

Ⅲ：

Ⅳ：

140

第七章 水资源承载力分析

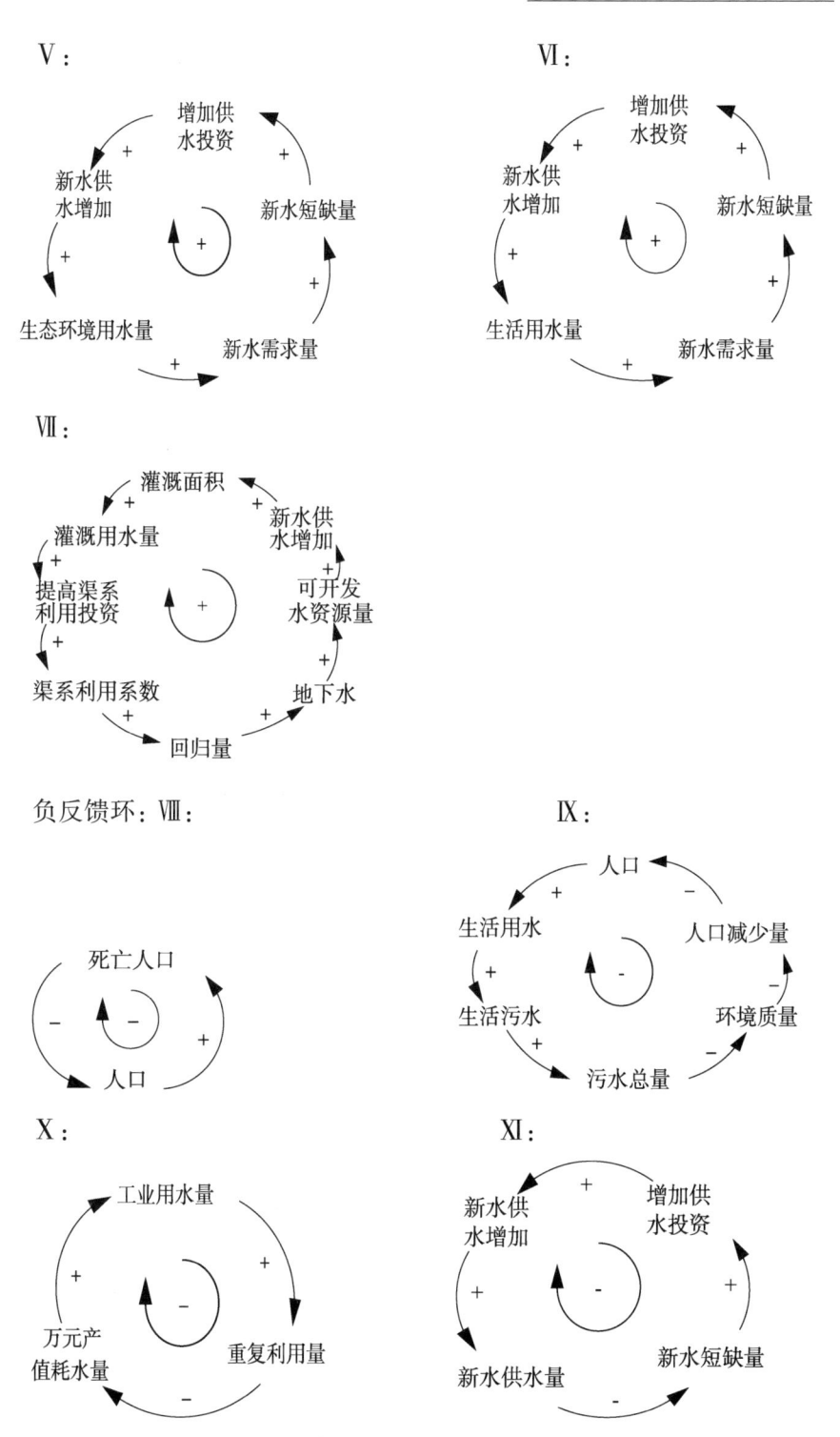

Ⅴ：
增加供水投资 → 新水短缺量 → 新水需求量 → 生态环境用水量 → 新水供水增加 → 增加供水投资

Ⅵ：
增加供水投资 → 新水短缺量 → 新水需求量 → 生活用水量 → 新水供水增加 → 增加供水投资

Ⅶ：
灌溉面积 → 灌溉用水量 → 提高渠系利用投资 → 渠系利用系数 → 回归量 → 地下水 → 可开发水资源量 → 新水供水增加 → 灌溉面积

负反馈环：

Ⅷ：
死亡人口 ↔ 人口

Ⅸ：
人口 → 生活用水 → 生活污水 → 污水总量 → 环境质量 → 人口减少量 → 人口

Ⅹ：
工业用水量 → 重复利用量 → 万元产值耗水量 → 工业用水量

Ⅺ：
增加供水投资 → 新水短缺量 → 新水供水量 → 新水供水增加 → 增加供水投资

141

环Ⅰ和Ⅱ反映了随着人口的增多,生活污水变多,污水处理量提高,进而改善了环境质量,扩大了人口规模。环Ⅲ和Ⅳ反映了生活用水量和工业用水量的增加,导致污水量增多,污水处理量提高,从而增加了可开发水资源量,增加了新水供水量,又导致用水量多,污水排放量增多,加强了这个正反馈环。环Ⅴ和Ⅵ反映了生活用水量和生态环境用水量的增加导致新水需求量增加,加大了新水短缺量,从而提高新水供水量。环Ⅶ反映了随着灌溉面积的增加,灌溉用水量增多,利用提高渠系利用系数来增加回归量,进而扩大了可开发水资源量和新水供水量,导致灌溉面积变多,灌溉用水量增加,加强了这环,形成非稳定系统,影响社会经济的稳定发展。环Ⅷ和Ⅸ反映了随着死亡人口的增加抑制了人口规模,生活污水的增多,降低了环境质量,从而增多了人口减少量,抑制了人口规模。环Ⅹ反映了提高工业用水重复利用率,进而减少了万元产值耗水量,抑制了工业用水规模。环Ⅺ反映了新水供水量的增多,减少了新水短缺量,减少了供水投资从而抑制了新水供水量规模。形成了稳定系统,有自我调节功能。有利于呼和浩特市社会、经济、环境的稳定、持续发展。

二、模型流程图与方程的建立

SD模型流程图能表示不同性质的变量的区别,如哪些是状态变量、哪些是辅助变量、哪些是速率变量、哪些是参数等,因果关系图无法直接建立数学模型,所以必须将因果关系图转化成系统结构流程图。本文根据实际情况选定了七个状态变量:生活用水、乡村生活用水、城镇生活用水、工业用水、灌溉用水、牲畜用水以及生态环境用水控制各个状态变量的相应速率有生活用水变化率、城镇生活用水变化率、乡村生活用水变化率、工业用水年增长率、灌溉用水变化率、牲畜用水年增长率和生态环境用水变化率,辅助变量有15个,用水量、城镇人口、乡村人口、工业产值、牲畜头数、灌溉面积等,参数有十个,城镇用水定额、乡村用水定额、工业用水定额、牲畜用水定额、生活污水率、工业用水重复利用率等。

定量分析系统的动态行为,构建SD模型,即系统动力学结构方程式,方程中有关符号的含义如下:L为状态变量方程;R为速率方程;A为辅助方程;C为常数;J、K、X、JK、KX分别作为时间下标用以区别时间的先

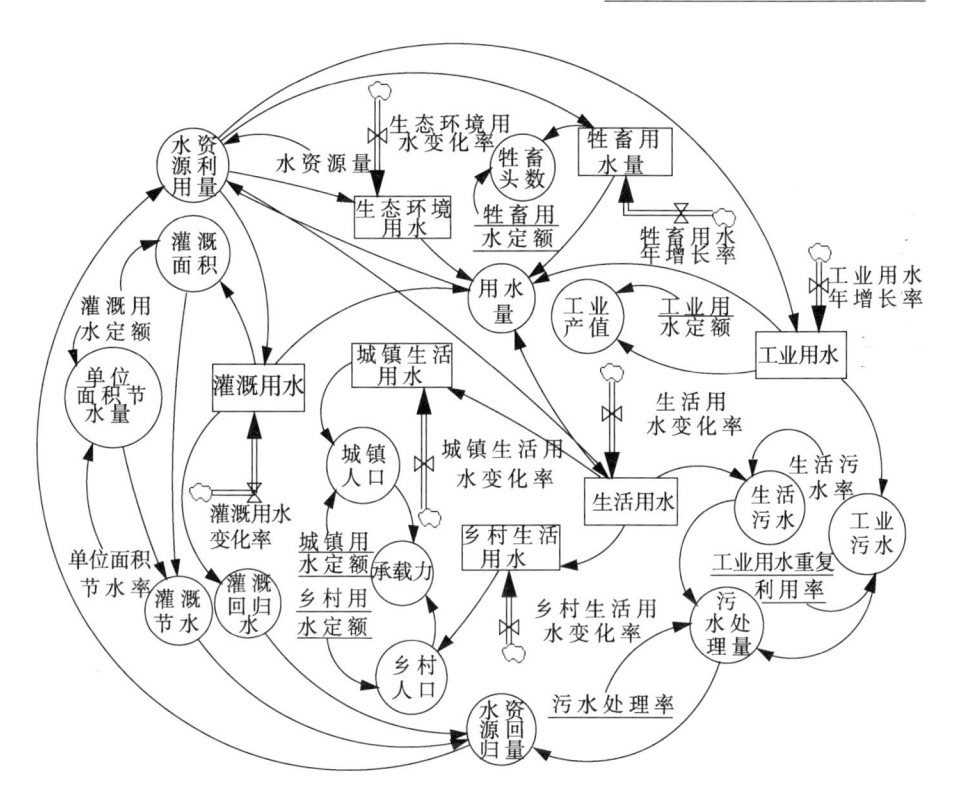

图 7-4 呼和浩特市水资源承载力 SD 模型流程图

后顺序。J 表示刚过去的那一时刻，K 表示现在，X 表示即将到来的未来那一时刻。JK 表示从过去那一时刻到现在的这一时间段，KX 表示现在到将来那一时刻的时间段。

1. 生活用水子系统

L　SHYS. K = SHYS. J + NSHYSJZ. JK

R　NSHYSJZ. KX = NSHYS. K・NSHYSJZL. K

R　NCZSHYSJZ. KX = NCZSHYS. K・NCZSHYSJZL. K

R　NXCSHYSJZ. KX = NXCSHYS. K・NXCSHYSJZL. K

A　CZRK. K = CZSHYS. K/CZYSDE. K

A　XCRK. K = XCSHYS. K/XCYSDE. K

式中：SHYS 为生活用水量；NSHJZ 为年生活用水净增量；NSHYS 为年末生活用水量；NSHYSJZL 为年生活用水净增率；NCZSHYSJZ 为年城镇生活用水净增量；NCZSHYS 为年末城镇生活用水量；NSHYSJZL 为年城镇生

143

活用水净增率；NXCSHYSJZ 为年乡村生活用水净增量；NXCSHYS 为年末乡村生活用水量；NXCSHYSJZL 为年乡村生活用水净增率；CZRK 为城镇人口；CZSHYS 为城镇生活用水量；CZYSDE 为城镇用水定额；XCRK 为乡村人口；XCSHYS 为乡村生活用水量；XCYSDE 为乡村用水定额。

2. 工业用水子系统

L GYYS. K = GYYS. J + NGYYSJZ. JK

R NGYYSJZ. KX = NGYYS. K · NGYYSJZL. K

A GYCZ. K = GYYS. K/GYYSDE. K

式中：GYYS 为工业用水量；NGYYSJZ 为年工业用水净增量；NGYYS 为年末工业用水量；NGYYSJZL 为年工业用水净增率；GYCZ 为工业产值；GYYSDE 为工业用水定额。

3. 农业用水子系统

L GGYS. K = GGYS. J + NGGYSJZ. JK

R NGGYSJZ. KX = NGGYS. K · NGGYSJZL. K

R NSCYSJZ. KX = NSCYS. K · NSCYSJZL. K

A GGMJ. K = GGYS. K/GGYSDE. K

A GGJS. K = GGMJ. K · DWMJJS. K

A SCTS. K = SCYS. K/SCYSDE. K

式中：GGYS 为灌溉用水量；NGGYSJZ 为年灌溉用水净增量；NGGYS 为年末灌溉用水量；NGGYSJZL 为年灌溉用水净增率；NSCYSJZ 为年牲畜用水净增量；NSCYS 为年末牲畜用水量；NSCYSJZL 为年牲畜用水净增率；GGMJ 为灌溉面积；GGYSDE 为灌溉用水定额；GGJS 为灌溉节水量；DWMJJS 为单位面积节水率；SCTS 为牲畜头数；SCYS 为牲畜用水量；SCYSDE 为牲畜用水定额。

4. 生态环境用水子系统

L STHJYS. K = STHJYS. J + NSTHJYSJZ. JK

R NSTHJYSJZ. KX = NSTHJYS. K · NSTHJYSJZL. K

式中：STHJYS 为生态环境用水量；NSTHJYSJZ 为年生态环境用水净增量；NSTHJYSJZ 为年生态环境用水净增量；NSTHJYS 为年末生态环境用水量；NSTHJYSJZL 为年生态环境用水净增率。

第七章　水资源承载力分析

5. 污水处理子系统

A　SHWS. K = SHYS. K · SHWSL. K

A　GYWS. K = GYYS. K · GYWSL. K

A　WSCL. K =［SHYS. K + GYYS. K］· WSCLL. K

式中：SHWS 为生活污水量；SHWSL 为生活污水率；GYWS 为工业污水量；GYWSL 为工业污水率；WSCL 为污水处理量；WSCLL 为污水处理率。

6. 水资源开发子系统

A　YS. K = SHYS. K + GYYS. K + GGYS. X + SCYS. K + STHJYS. K

A　SZHG. K = GGHGS. K + GGJS. K + WSCL. K

A　SZLY. K = SZL. K + SZHG. K − YS. K

式中：YS 为用水量；SZHG 为水资源回归量；GGHGS 为灌溉回归水量；SZLY 为水资源利用量；SZL 为水资源量。

三、1995—2005 年模型模拟

呼和浩特市各部门用水量 SD 模型模拟工作是以历史资料为基础，调试模型并验证模型的可靠性。将主要模拟生活用水量、城镇生活用水量、乡村生活用水量、工业用水量、灌溉用水量、牲畜用水量及生态环境用水量等七种用水量的变化。以 1995 年为基础数据，取步长为一年的模拟结果与验证结果。其中，由于呼和浩特市每年的降水量不同，所以灌溉用水量的变化没有规律，这十年的变化也不是很明显。乡村生活用水量的变化 1995～1999 年的变化不是很明显，可在 1999～2000 年变化很大，导致此现象的主要原因是可能今年乡村的很多地区安上自来水，所以影响了用水变化，到了 2000～2005 年的变化也不是很明显了。可见模拟中相对误差小于 1% 的概率为 87%，小于 5% 的概率为 100%。这说明模型的模拟结果比较可靠，可以在此基础上对呼和浩特市未来的水资源承载力进行研究。

表7-1 呼和浩特市各部门用水量 SD 模型模拟结果评价（1999—2005 年）

各部门用水量	年份	原始值（万 m³）	模拟值（万 m³）	相对误差比（%）
生活用水量	1995	12140	12128.5	-0.09473
	2001	18771	18735.8	-0.18752
	2005	17539	17646.2	0.611209
城镇生活用水量	1995	11126	11120.6	-0.04853
	2001	14824	14756.8	-0.45332
	2005	14010	14091	0.578158
工业用水量	1995	6218	6204.3	-0.22033
	2001	7026	6980.4	-0.64902
	2005	6604	6625	0.317989
牲畜用水量	1995	1108	1110	0.180505
	2001	1637	1621.4	-0.95296
	2005	1528	1530.5	0.163613
生态环境用水量	1995	97	92.4	-4.74227
	2001	164	163.4	-0.36585
	2005	184	179.5	-2.44565

第三节　仿真预测结果分析

在模型运行中需要用到各种参数，这些参数是和水资源承载力密切相关的常数，其中有的是根据内蒙古统计年鉴上的相关数字按统计分析方法得出的，有的是按照水务局提供的数据结果，有的是根据实际情况列出的。方案不同，参数的值也不同。

现状年（2005 年）呼和浩特市水资源总量为 205524 万立方米，其中地表水资源量为 116077 万立方米，地下水资源量为 89447 万立方米。污水处理率为 44%，生活用水污水处理率为 70%，工业用水重复利用率为 25%，城镇生活用水定额是根据 2005 年的呼和浩特市人均日生活用水量 174.87 升，折算成的生活用水定额为 64 立方米/人·年，其中初始值以 2005 年用水情况为准。乡村生活用水量增长率是由 2000~2005 年的变化率来定的，灌溉用水变化不明显，所以根据十年的灌溉用水平均数据来算增长率的（表 7-2）。

表 7-2　模型中的基本参数

	年用水定额	年增长率	初始值（万 m^3）
城镇生活	64（m^3/人·年）	0.025	14010
乡村生活	14.6（m^3/人·年）	-0.02	3529
工业	0.003（万立方米/万元）	0.015	6604
灌溉	180（万立方米/千公顷·次）	0.004	65565
牲畜	18.25（立方米/头·年）	0.065	1528
生态环境		0.09	184

一、设计的四种方案及结果

呼和浩特市水资源承载力预测结果如表所示，改变各种参数而得出不同结果，设计了四种方案分析水资源承载力的变化（表 7-3）。

方案一属于稳步发展型。系统内的各种参数没变，利用实际的值来预算出的结果。2005 年，呼和浩特市水资源承载的城镇人口 233.5 万人，实际人口是 130.73 万人，到了 2025 年，用水定额不变时，承载人口已到了 393.2584 万人。2005 年，承载的乡村人口 241.7123 万人，实际人口 109.84 万人。到 2025 年可承载的乡村人口是 88.85567 万人，现状年乡村人口已经超载了水资源承载人口。2005 年，水资源总承载人口 460.6186 万人，实际的总人口为 258 万人。在水承载的范围之内。2005 年，水资源承载的工业产值 220.1333 亿元，实际工业产值为 483.16 亿元，差距很大，到 2025 年，水资源承载的工业产值才增长到了 320.3043 亿元。2005 年水资源承载的灌溉面积 364.25 千公顷，现状年实际的有效灌溉面积为 181.94 千公顷，2025 年的灌溉面积为 408.7704 千公顷，2005 年水资源可承载的牲畜头数为 83.72603 万头，实际牲畜头数是 199.16 万头，已经超载了当前的承载能力。到 2025 年承载的牲畜头数已到了 252.2022 万头，要是不采取合理措施的话，仍然会存在超载现象。

方案二属于经济增长型。工业用水增长率从0.015调到0.09；生活用水变化率从0.04变到0.048；灌溉用水率从0.004调到0.0032；牲畜用水变化率从0.065调到0.07；城镇用水变化率从0.025调到0.04；从而得出，方案二2010年工业产值为379.1353亿元，比方案一工业产值增加了约132亿元，2015年工业产值为527.8489亿元，比方案一大约多255亿元，2020年工业产值为666.9398亿元，比方案一大约多了1.2倍，2025年工业产值增长到797.0306亿元，比方案一大约多了1.5倍。水资源承载的人口也在增加，2025年承载的人口为594.6534万人比方案一大约增加了112万人。（图7-3）所示，2025年用水量为142897.4万立方米，比方案一的用水量多15735.83万立方米。此方案是片面追求经济高速增长和地区自然资源大规模开发利用，而不给予应有的保护和合理利用，虽然经济取得了快速发展，但由此造成的环境污染严重超过了其他方案。

方案三属于环境友好型。工业用水增长的不是很快，工业用水增长率从0.015变为0.01，灌溉用水和生态环境用水增长的要快，灌溉用水变化率从0.004调到0.008；生态环境用水变化率从0.09调到0.18；生活用水变化率从0.04变到0.035；牲畜用水变化率从0.065变到0.06；经济低速发展，工业产值比方案一的低，灌溉用水量增加，随着灌溉面积也增加。2010年灌溉面积为387.9788千公顷，比方案一的增多了约12千公顷，2015年灌溉面积为410.5866千公顷，比方案一增多了约23千公顷，2020年灌溉面积为432.1263千公顷，比方案一大约多24千公顷，2025年灌溉面积为452.6485千公顷，比方案一大约多44千公顷。生态环境用水量增长的快，2010年的生态环境用水量为450.9489万立方米，比2005年的2倍还多，2025年生态环境用水量为1178.483万立方米，比其他方案的都要多。人口稳步发展，承载的人口变化不明显。

方案四属于最优方案。工业产值最高，用水量最少，污水量最低，工业用水增长率从0.015调到0.09；生活污水率0.7调到0.35，工业重复利用率从0.25调到0.6，污水处理率0.44变到0.60；单位面积节水率从0.12调到了0.3；牲畜用水变化率从0.065调到0.035；灌溉用水变化率从0.004调到-0.002；生活用水变化率从0.04调到0.03；生态环境用水变化率从0.09调到0.1；与其他方案相比，2025年的工业产值最高，工业产值为

853.9313 亿元。人口稳步发展，2025 年人口承载力为 480.4633 万人，大约相同于方案一。调整灌溉用水变化率而减少了灌溉用水量。灌溉面积和牲畜头数都比其他方案少，2025 年灌溉面积为 340.776 千公顷，2025 年牲畜头数为 179.3906 万头，现状年（2005 年）牲畜头数已达 199.16 万头，牲畜头数还在超载的状态。方案四由于提高工业用水重复利用率和污水处理率而得出用水量和污水量都比其他方案的少。2005 年污水量为 9440.65 万立方米，方案四 2025 年的污水量为 22239.65 万立方米，比 2005 年多 12799 万立方米。这些数据表明，随时间推移，需水量越来越多，所以一定要采取合理措施优化配置呼和浩特市水资源、珍惜水资源以及保护水资源。

表 7-3　四种不同方案下的仿真结果

	年份	城镇人口（万人）	乡村人口（万人）	承载人口（万人）	工业产值（亿元）	灌溉面积（千公顷）	牲畜头数（万头）
方案一	2005	218.9063	241.7123	460.6186	220.1333	364.25	83.72603
	2010	249.8701	214.566	464.436	246.8699	376.1329	128.694
	2015	289.4984	179.8233	469.3217	272.4439	387.4991	171.7066
	2020	337.4147	137.8145	475.2292	296.9059	398.3711	212.8489
	2025	393.2584	88.85567	482.1141	320.3043	408.7704	252.2022
方案二	2005	218.9063	241.7123	460.6186	220.1333	364.25	83.72603
	2010	269.557	213.9585	483.5155	379.1353	373.6723	131.7251
	2015	336.5511	177.2494	513.8005	527.8489	382.4849	176.6184
	2020	418.8309	132.1646	550.9955	666.9398	390.7274	218.6067
	2025	515.4075	79.24588	594.6534	797.0306	398.4364	257.8782
方案三	2005	218.9063	241.7123	460.6186	220.1333	364.25	83.72603
	2010	249.4227	214.9581	464.3809	237.9299	387.9788	125.1701
	2015	287.4971	181.5779	469.075	254.8858	410.5866	164.6563
	2020	332.7723	141.8845	474.6569	271.0406	432.1263	202.2771
	2025	384.9082	96.17637	481.0846	286.4322	452.6485	238.1206
方案四	2005	218.9063	241.7123	460.6186	220.1333	364.25	83.72603
	2010	249.1454	215.2013	464.3467	390.335	357.9463	109.416
	2015	286.2678	182.6556	468.9234	552.4488	351.942	133.8853
	2020	329.9462	144.3622	474.3084	706.8589	346.2231	157.1917
	2025	379.8691	100.5942	480.4633	853.9313	340.776	179.3906

二、各方案中的重要指标分析

四种不同方案的情况下比较了各重要指标，由图 7-5 看出，四种方案工业产值都有差别，方案四的工业产值增长的最快，最高工业产值是 853.9313 亿元。其次是方案二，方案一和方案三的工业产值也在增长，但速度不是很快。由图 7-6 所示，各方案用水量都呈增加的趋势，只是增长的快慢不同，其中方案二的用水量增长速度最快，2025 年的用水量为 142897.4 万立方米，其次是方案三然后是方案一，最慢的是方案四的用水量，2025 年用水量为 125266.6 万立方米。由图 7-7 所示，各方案生活用水量也都呈增加的趋势，变化速度的快到慢依次方案二、方案一、方案三和方案四。由图 7-8 所示，方案三的灌溉用水量增长的最快，其次是方案一，然后是方案三，方案四的灌溉用水量在减少，从而调整各部门用水量的比重。由图 7-9 所示，各方案生态环境用水量也都在增长，最快的是方案三环境友好型，提高生态环境用水，改善生态环境。其次是方案四，然后是方案一和方案二。由图 7-10 所示，各方案污水量也都在增加，方案二的污水量增长最快，污水量最多，其次是方案一然后是方案二，污水量最低的是方案四。

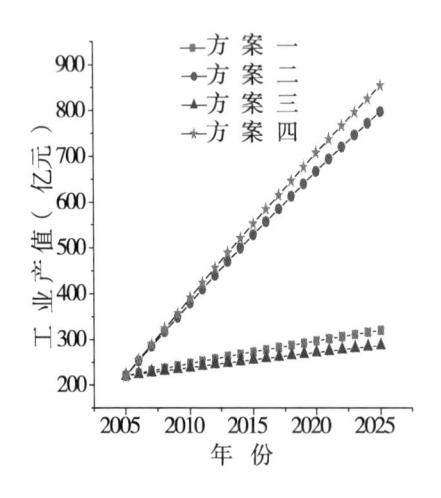

图 7-5 四种方案工业产值比较图

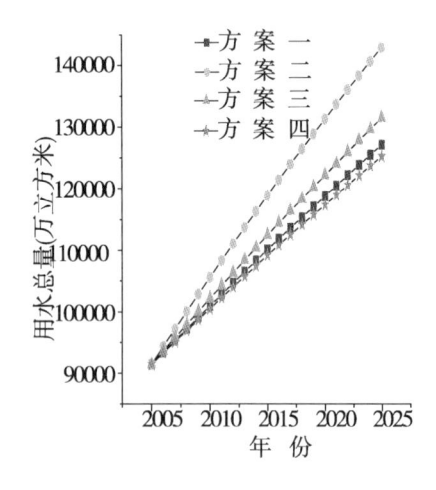

图 7-6 四种方案用水量比较图

第七章 水资源承载力分析

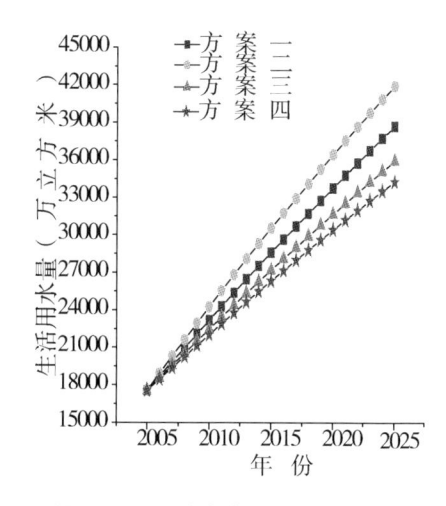

图 7-7 四种方案生活用水量比较图

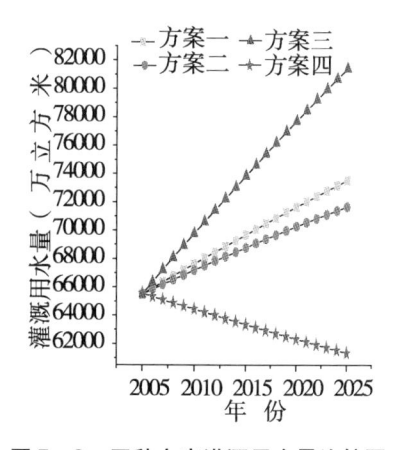

图 7-8 四种方案灌溉用水量比较图

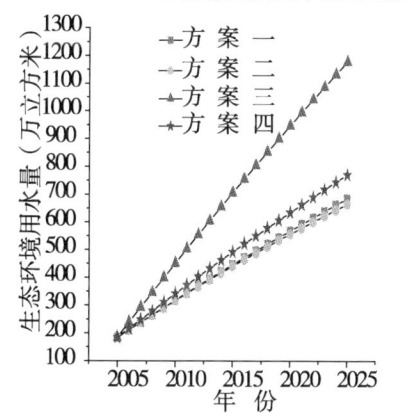

图 7-9 四种方案生态环境用水量比较图

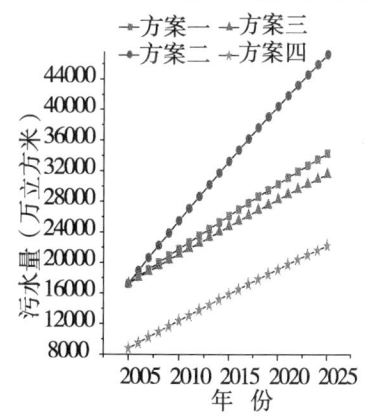

图 7-10 四种方案污水量比较图

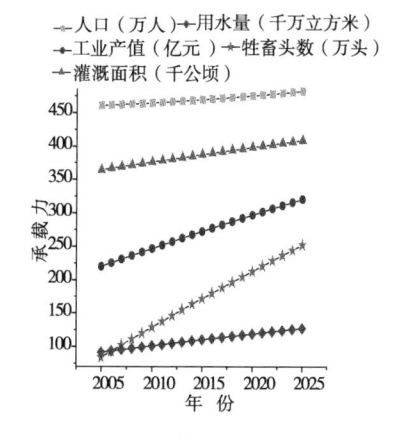

图 7-11 方案一承载力图

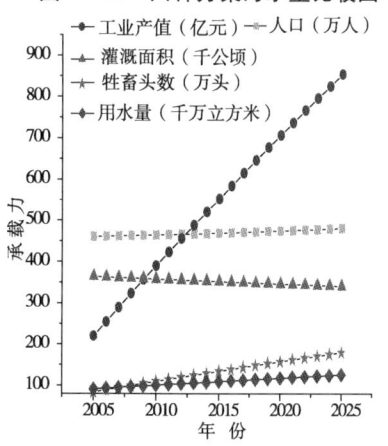

图 7-12 方案四承载力图

从上面图 7-11、图 7-12 分析出，从 2005 到 2025 年，方案一的承载人口约为 450~480 万人之间，方案四的承载人口也是 450~480 万人之间，没有太大变化。方案一的工业产值约为 200~350 亿元之间，方案四的工业产值增长的较快，方案四的工业产值约为 200~900 亿元之间。方案一的灌溉面积在增长，方案四的灌溉面积在减少，方案一灌溉面积约为 350~450 千公顷之间，方案四的灌溉面积约为 300~400 千公顷。方案一的牲畜头数增长速度比方案四的快，方案一牲畜头数约为 50~250 万头之间，方案四的牲畜头数约为 50~200 万头之间。方案一用水量约为 90~150 千万立方米之间，方案四用水量为 90~120 千万立方米之间。由于方案四提高单位面积节水率和污水处理率而方案四的用水量少于方案一的用水量。

第八章 水资源优化配置

呼和浩特市水资源开发利用率高，市区、土默特左旗和托克托县地下水开发利用程度都超过了60%，城区地下水开发利用程度甚至超过100%，但利用效率却很低。目前呼和浩特市农业用水量所占的比重大，农田灌溉效率低、浪费严重、工业用水重复利用率低。根据这些情况，调整行业用水间的配置、资源类型的配置（利用黄河水）、地区间水资源量的配置。

第一节 水资源配置现状

现状年（2005年）、由图5-1、图5-2显示，呼和浩特市供水量中，农业供水量比重大，城乡生活供水量和工业供水量的比重小。水资源利用中农业用水比例最大，占总用水量的74%，由于水利投资不足，农业节水设施少，农业灌溉仍停留在大水漫灌的方式上。与此同时，呼和浩特市地处干旱地区，蒸发量大，因而造成地下水资源的有效利用率很低。生活用水量、

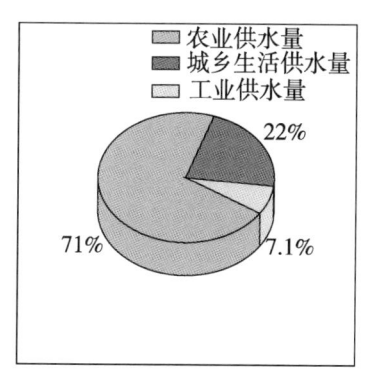

图5-1 2005年部门供水量比例图 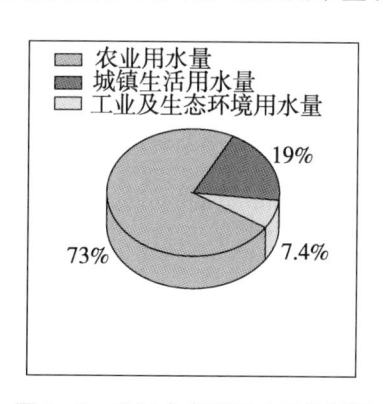　　图5-2 2005年部门用水量比例图

工业用水量、牲畜用水量和生态环境用水量占的比重小,所以应该要调整水资源行业间用水的配置。

第二节 水资源配置预测

以现状年(2005年)为初始值,预测未来20年的用水量,灌溉用水量比重随着时间的推移逐渐变小。根据方案一分析得出,从2005年的71.7%降到2025年的58%,工业用水量、生活用水量、牲畜用水和生态环境用水占的比重都在增加,但增长和减少的速度不明显。工业用水量从2005年的7.2%增长到2025年的7.6%,随着城镇人口的增加,生活用水量从2005年的19.2%,在2025年增长到30%。牲畜用水量比重从2005年的1.7%,到2025年增长到3.6%,比原来增长了一倍还多,这表明牲畜增长的速度较快,应该合理的采取措施。生态环境用水量从2005年的0.2%增长到了2025年的0.54%,生态环境用水增长速度比较快,这表明随着社会经济的发展,呼和浩特市生态环境投资要增加,生态环境要改善。

图5-3、图5-4、图5-5、图5-6是方案四的用水量预测结果。结果表明灌溉用水量的比重从2005年的71.7%到2025年降到49%,工业用水量占的比重从2005年的7.2%到2025年变为20%,增长速度较快,生活用水量占的比重从2005年的19.2%到2025年增长到27%,牲畜用水量从2005年的1.7%到2025年增长到2.6%,生态环境用水量从2005年的0.2%到2025年增长到0.62%。在2005年各部门用水量,工业用水量、生活用水量、灌溉用水量、牲畜用水量、生态环境用水量的比例为7.2:19.2:71.7:1.7:0.2,到2025年各部门比例变为20:27:49:2.6:0.62,比起其他方案,方案四是工业产值最大、用水量最少、污水量也最低的最优方案。

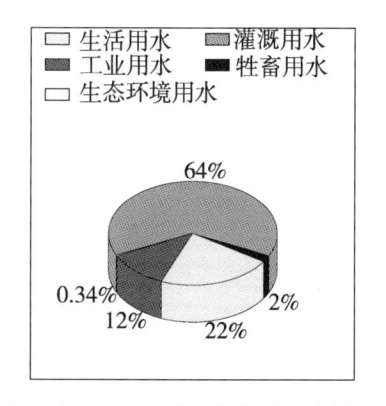

图 5-3 2010 年的部门用水量比例图

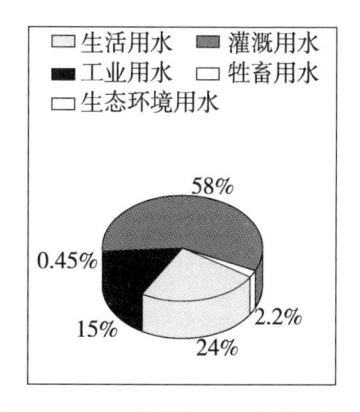

图 5-4 2015 年的部门用水量比例图

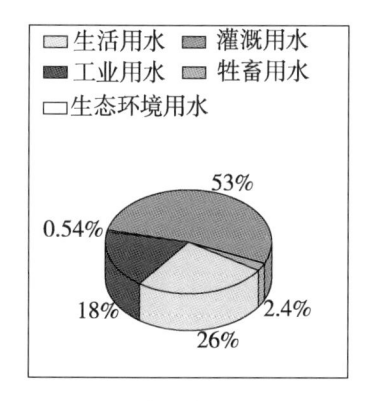

图 5-5 2020 年的部门用水量比例图

图 5-6 2025 年的部门用水量比例图

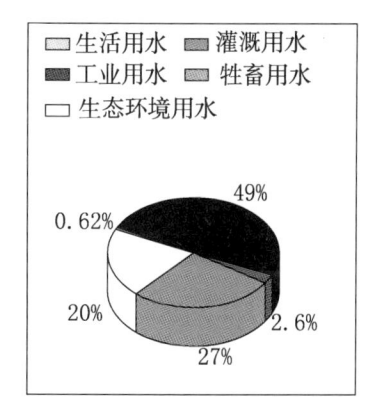

第三节 水资源优化配置对策

水资源对城市的形成、发展及演变具有诱导和制约作用,不仅影响城市的性质、规模,而且还影响城市的结构布局和发展变迁。水资源正在取代石油而成为引起当今世界危机的主要问题。中国是水资源缺乏国家,随着人口增长、经济发展,对水资源需求日益增多,合理配置有限水资源,协调不同区域对水资源需求,促进水质整体改善,是中国实现可持续发展的关键因素。目前呼和浩特市周围最高日需水量为 4.59×10^5 立方米/天,而实际日

供水量仅为 2.91×10^5 立方米/天，供水缺口达 1.68×10^5 立方米/天。因此，要解决区域缺水问题，只有开源与节流并举，加强环境保护，提高科学技术和工艺水平，发展洁净生产，统一规划，合理利用，优化配置，多渠道保障区域供水，才能保证水资源的可持续开发利用。

一、全面推行节约用水，建立节水型社会

节约用水既可起到提高水资源效率、降低对水的需求，又可起到减少水污染的作用。因此，要把节水当作革命性措施来抓，加大节水挖潜力度，以保证经济社会的持续发展。

在加强水资源的统一规划与管理工作中，要依据《中华人民共和国水法》及其与它有关法规严格管理，奖罚严明，使有限的水资源得到合理利用。另外要加强宣传，说明水资源的宝贵和发生危机的后果，让人人都了解水资源并不是"取之不尽，用之不竭"的道理，强化人人爱惜水、节约水。水资源十分紧缺，但浪费现象普遍存在，主要体现在公众节水意识不强、节水设施落后、节水政策和法规制度还不完善等方面。为此，必须加大节水力度，加强节水管理，提高水的利用率，建立节水型社会。要达到上述目的，一是开展水权研究，建立和推行水市场，合理定价，明确省界河流的初始水权，确定各单位的用水份额。水资源的供需关系是一种经济关系，而水价就是调节这种关系的杠杆，对供求关系和开源节流起着至关重要的作用。目前不合理的水价体系是阻碍水资源基础产业深化改革的重大因素。不合理的水价导致了宏观层次上的国有资产巨额流失，部门层次上的水相关产业经营管理难以为继，用户层次上的用水损失浪费严重。城市与工业水价应适当大于供水的成本，在农业灌溉用水地区，水价的补贴纳入国家对农业补贴，适当的增加水价，来实现节水。因此要建立水资源核算制度，按照不同地区、不同时间水资源供需形势、短缺程度和不同取水、用水性质，制定水资源价格标准和收费标准。运用水价这个杠杆鼓励企业使用回用水、黄河水。二是制定各行业的用水定额，建立总量控制和定额管理的制度，通过控制用水指标的方式来提高水的利用效率，达到节水目标。三是调整经济结构和产业结构，压缩高耗水和低效率产业项目，做到以供定需。四是应用工程和技术措施，大力发展农业节水灌溉、工业节水技术和节水器具，采取循环用水、一

水多用的节水措施，提高水的重复使用效率和效益。五是制定不同的用水价格和用水政策，建立科学的水价形成机制和公平的水市场交易规则。水资源是国有自然资源，水资源对于使用者来说是商品，应当有偿使用。要利用经济杠杆激励水资源的节约利用。制定相应的基本用水量，在水费收缴时，基本用水量内的水价按正常的价格收取，超过基本用水量，累积加价。推行季节性收费，丰水期价格提高，枯水期价格下调。国务院《水利产业政策》、《水利基金》已出台，各级政府应积极支持社会积累资金，并鼓励社会团体、个人及外来资金投资水利基础设施建设。建立合理的供水价格体系，是明确责、权、利关系，鼓励投资水利的重要措施。只有建立合理的供水价格体系，呼和浩特市水利才能走向自我发展的良性循环轨道。构建政府宏观调控、市场引导、公众参与的节水型管理体制。六是积极开展节水试点工作。以点带面，做好宣传工作，营造全社会节水的氛围。加强全社会的节水意识，要利用"世界水日""中国水周"重大节日，通过电视台、广播、宣传车、张贴标语等形式进行广泛宣传，在全社会形成节水共识。

农业一直是区域的用水大户，比总供水量的一半还要多，要想减少农业供水量，有两个途径，一是通过调整种植结构、发展耐旱农作物来降低亩均耗水量；二是通过提高管理和加强农田水利建设来减少不必要的浪费，即在渠灌区、大田作物发展高标准渠道衬砌农灌方式，在井灌区和蔬菜地推广滴灌、管灌、微喷灌等节水型农灌方式，同时加强农田管理，减少渠系渗漏。

生活用水是区域仅次于农业的用水大户，占总供水量的1/4，目前区域综合生活节水器具普及率仅为20%左右。生活节水主要从三个方面着手，第一要大力推广普及生活节水器具，加强节水设施的配套，建立中水回用和一水多用系统，提高水的重复利用率；第二要提高水价，让资源有偿使用观念深入民心，促进节约用水，拓展水资源可利用空间；第三要通过各种媒体进行宣传，发动全民节水，提高居民的水资源忧患意识，让居民充分认识到水资源的稀缺性、珍贵性和不可替代性，进而促进居民养成良好的用水习惯，让人人都了解水资源并不是"取之不尽，用之不竭"的道理，强化人人爱惜水、节约水。这是生活节水的根本，也是未来和谐社会可持续发展的基础。

工业是区域重要用水部门，占总供水量的1/5，但工业万元产值取水量偏高，水重复利用率偏低。今后要依靠科技进步，积极推进清洁生产和节水技术，特别是那些工业用水大户和污染大户，如区域内的纺织、皮毛业、食品加工制造业、化工医药业、造纸业、金属冶炼制造业、机械电子业和建材行业等这些工艺设备落后、管理水平低下的部门，它们的取水量在国内同行业先进水平相比，普遍偏高，水重复利用率普遍偏低。因此，必须引进先进生产工艺，推行清洁生产战略，降低用水量和水污染。

二、提高水资源重复利用率，促进内部挖潜

区域属于典型的半干旱季风气候，降水季节差异大，降雨大多集中在6~9月份，且丰枯变化大，丰水期水有盈余，枯水期用水短缺。为了改变这种时间上的不均匀局面，笔者认为应该实现雨水资源化，尤其在市区，硬化地面面积随着城市建设在不断加大，在丰水期集雨较为容易。今后应通过加大雨洪存储系统的兴建，提高雨水的利用，来缓解水资源在丰枯季节的供需矛盾。雨水的利用不仅对于城市节约用水、改善城市小气候、降低地下水超采等方面有重要作用，同时，对于缓解城市防洪和排水压力也有重要意义。

1. 呼市农业用水约占总用水量的60－70％，节水潜力大，是节约用水的重点。今后要依靠工程与非工程两类措施，采用渠道防渗、管道输水、田间节水、喷微灌技术和行走式机械灌溉技术，以及水田浅湿灌、水田旱作、地膜覆盖及膜上灌等技术，彻底改变农业资源浪费型的传统落后方式，走"节水增产"的道路。与此同时，调整农业内部结构，根据地区的自然条件，适当调整农、林、牧三业的比例，提高林牧业的比重，降低种植业的比重，在种植业方面调整粮、棉、油等经济作物比例，使各地优化后的农业结构，既能保证农业经济的健康发展，又能实现节水的目标。农业节约的水量首先保证工业和生活用水。

2. 工业用水较集中，便于采取节水措施。调整产业结构，压缩限制高耗水工业，推行"清洁生产"，提高水资源重复利用率，将污水减少、消灭在生产过程中，变"末端处理"为"源头控制"，实现工业需水量的零增长甚至负增长。今后要加大科技对工业节水的贡献率，从行业看，电力、冶金、化工的用水量最大，而工业用水中冷却水所占的比重最大，是今后节水的重点。

3. 目前呼和浩特市生活用水浪费十分严重，人均日用水量超过同类中等城市，因此要努力控制配水管网和用水器具的漏耗，推广使用节水器具。深入开展节水宣传教育，提高全民节水意识，把节约用水作为一项长期措施，落实到每个企业、每个村落和千家万户。目前市区内已建成使用的污水处理厂仅有1座，即辛辛板污水处理厂（5万立方米/天，2级处理）。规划到2010年，主城区建成4个污水处理厂，处理污水总规模为45万立方米/天，除辛辛板处理厂外，新建公主府污水处理厂（5万立方米/天，2级处理）、石化区污水处理厂（5万立方米/天，2级处理）、章盖营污水处理厂（10万立方米/天，2级处理）。处理后的污水主要用于农田灌溉，全市污水的利用量2010年为13870万立方米。

4. 随着城市化和产业结构的优化发展，呼和浩特市工业用水和生活用水量将持续上升，而用水结构中农业用水比重大，浪费最严重，所以今后要加大农业节水的力度，将农业中节约的水支援工业和生活，以保证城市和工业对地区经济和社会发展的辐射和带动作用。

三、大力改造兴建水利设施，加大区域水利基础设施建设

水资源是国民经济的命脉，必须把水利建设摆到国民经济基础的位置上来，真正把它作为国民经济的基础产业来对待。因此，必须加快水利建设，因地制宜地修建一批调蓄能力较大的水利工程，特别是跨流域、跨地区的调水工程，以解决工程性缺水和资源性缺水，并提高水资源开发利用程度，充分发挥天然水资源的作用。呼和浩特市已建了一批蓄、引、扬等各类水利枢纽工程，但是绝大部分工程老化，设施不配套，影响其正常功效的发挥。目前有效灌溉面积占耕地面积的比重仅为37.8%，25处万亩以上灌区有效灌溉面积仅占设计面积的51%。引黄灌溉工程的哈素海、麻地壕、毛不拉等设计提水能力为5.02亿立方米，最大提水流量约51立方米/秒，但是由于灌区配套能力较差，目前实际年提水只有1.54亿立方米，治碱排涝工程也是如此。现有水库多数年久失修，淤积问题特别严重。防洪工程设防标准低，河道损毁严重。城市供水系统中，一方面设施严重不足，另一方面设施陈旧老化，管道漏水严重。区域现有引水工程老化失修、配套差，引水量有限且渗漏损失较大，导致地表水利用率低下，目前地表水利用程度仅在

30%左右。农田水利工程技术标准低，渗漏现象严重，配套渠系大多为土渠，渠系利用系数仅在 0.46～0.48 之间，灌溉水利用系数仅在 0.6 左右。城市供水工程质量差，跑、冒、滴、漏现象时有发生，目前城市供水管网漏损率达 13.8%。按照目前的供水工程，预计到 2010 年缺水率将达到 48.69%。因为水资源是国民经济的命脉，必须把水利建设摆到国民经济基础的位置上来，真正把它作为国民经济的基础产业来对待。因此，必须加快水利建设，因地制宜地修建一批调蓄能力较大的水利工程，特别是跨流域、跨地区的调水工程，以解决工程性缺水和资源性缺水，并提高水资源开发利用程度，充分发挥天然水资源的作用。所以呼和浩特市水利基础设施建设应以完善和兴建水利枢纽工程、节水灌溉工程、供水工程及防洪工程为重点，同时抓好以水利为中心的农田草牧场建设。

今后应该加大资金、技术投入力度，加快水利设施的更新改造，建立一套高标准的城市供水和农田水利系统，提高水资源利用率。同时，加快"引黄入呼"引水工程以及污水处理回用和地下水回灌工程的建设投产，尽快缓解区域缺水和水环境恶化问题，为区域经济建设增添活力。

四、加强水资源保护意识，防止水环境进一步恶化

污染水源是对水资源的最大破坏和浪费。我们发展生产，绝不能只讲经济效益，忽视社会效益和环境效益，不能只开发不保护，甚至以牺牲环境为代价去换取暂时的经济效益。据发达国家的经验，预防污染和事后治理，花费的比例是一比二十。我们再不能走国外那种尾部治理的弯路，因此我们应切实执行《水污染防治法》，把水环境保护工作纳入自己的工作计划。今后所有建设项目，都要有环境影响报告书，对可能产生的水污染和生态环境的影响做出评价，提出防治措施。对防治水污染的设施，必须与主体工程同时设计、同时施工、同时投产、要防治结合、以防为主。强化水污染监测，做好源头及水源地的保护，进一步改善水环境，为经济的发展提供可靠的水资源和水环境保障。地区生态环境脆弱，水、旱灾害频繁发生。因此，首先应加速营造多种防护林、水源林，增加植被覆盖，治理水土流失；加强对江河的管理，严格控制水污染；内陆山区是水系的上游，应加强造林、护林，保持水土。其次，应建立饮用水源保护区，特别是取水口附近水域和陆域应划为一级水源保护区。在保护区内，禁止进行基本建设，包括新建、扩建项目，缺水严重地区要严格控制耗水量大或易污染的工矿企业的发展。严禁在区域内设置工业废渣、垃圾堆放场等，以确实保护饮用水源的水质。再次，坚持污水排放达标制度，大力推广高效、低毒和低残留农药，生物防治病虫害，粪便和垃圾的无害处理等技术，控制面污染源。另外，加强对水质的监测，建立环境信息网络，及时发现和解决水污染问题

水质和水量是密切相关的，离开水质谈水量没有实际意义。有关分析资料表明，在我国未来发展中，水质导致的水资源危机大于水量危机，必须引起高度重视。例如，在水资源丰富的南方地区，在水资源开发利用中对水质保护重视不够，存在水质性缺水。特别是平原河网地区，灌、排、提、引、蓄都是通过河网水位流量调节来实现，河道上下游、左右岸补给和排水关系复杂，水质水量问题紧密结合，考虑水质水量的河网区域的水资源优化配置难度大，但具有十分重要的理论意义和现实意义。因此，在水资源优化配置过程中，应该充分重视水质问题，水质问题与环境和生态问题密切相关，实现了水质水量的优化配置，必将有利于水环境与生态环境的改善和保护，最终实现水资源开发利用的良性循环。

五、合理开发水资源，维持采补平衡

水环境与社会环境是一个整体，属于人类自然与社会环境的大系统。水资源的开发利用与地质、水文、地理、生态诸因素相互制约、相互影响。工程建设得当，则对经济发展、人民生活和自然环境有巨大的促进和优化作用。反之，则对整个生态环境产生不良影响。在经济活动中，对水资源既要开发，又要保护，既要开源，又要节流，以利于可持续发展，充分考虑水资源与整个人类环境系统的相互联系。农业灌溉，地下水埋深较大，水资源较为贫乏，对于浅层淡水丰富区，应加大机井建设密度，积极开采地下水，以防土壤盐渍化等不良生态环境。而对于浅层淡水贫乏区，则限制开采使用地下水。对汛期的大量降雨，应充分拦蓄，以回补地下水，也可以"丰蓄枯用"，优化水资源的配置，提高水的利用率。在水资源短缺的地区，上游和下游、地表水和地下水、农业用水和城市用水、经济用水和生态用水之间的关系越来越不和谐。上游修建水库，会影响下游用水；地下挖潜，会使地下

水位下降，造成土地干涸、荒漠化。由于不同行业的用水量和效益不同，要实现水资源的优化配置和合理开发，就要在节水的基础上促进水资源从低效益的用途向高效益的用途转化。当然，上述转化必须在符合规划要求、明晰水权的前提下，通过市场调节的手段来实现。

1. 大力推广集雨工程，利用雨洪资源。据国内资料表明，一般年平均降水量在大于200毫米的地区都可发展集雨工程，年降水300—350毫米以上的地区经济效益更好，从呼市地区年降水特征及等值线图看，呼市年降水量在350毫米以上，属集水高效区，因而雨洪的利用是可行的。呼市地区的和林格尔县、清水河县、武川县属于干旱、半干旱山丘区和黄土丘陵区，广种薄收，靠天吃饭，地下水、地表水比较缺乏，水资源利用比较困难，年降雨量在250毫米以上，适合发展集雨工程。要因地制宜地采用群众易于掌握、乐于采用的多种形式，采用打水窖、建旱井、蓄水池或建小型塘坝、截伏流、拦蓄山间径流等节水灌溉措施，确实达到了增产增收的效果，使之在缺水区、水土流失区，解决人畜饮水、增加灌溉面积方面发挥大的作用。通过自治区1995年以来实施的"112集雨、节水灌溉工程"实践证明，在这些地区推广集雨、节灌工程是稳定解决干旱缺水山丘农牧区饮水困难和温饱问题、改善基本生存条件的唯一可靠途径，也是促进山丘农牧区产业结构调整，实现人口、资源、环境与经济可持续协调发展的根本措施。目前呼和浩特市对雨洪的利用还很少，只有青城公园和满都海公园等有雨洪调节池，还有黄土丘陵区建有集雨工程—水窖。总的说来，呼和浩特市对雨洪的利用还大有潜力，特别是其作为我国严重缺水城市之一，雨洪资源的利用有待进一步加强。

2. 中水回用。"中水"的定义有多种解释，在污水治理工程方面称为"再生水"，工厂方面称为"回用水"。中水主要是指城市污水或生活污水经处理后达到一定的水质标准，并可在一定范围内重复使用的非饮用水，因其水质介于清洁水（上水）与排入管道内污水（下水）之间，故名为中水。对于淡水资源缺乏、城市供水严重不足的呼和浩特市，采用中水回用技术既能节约水资源，又能使污水无害化，是防治水污染的重要途径，也是目前及将来长时间内需要重点推广的新技术、新工艺。要保证经济和社会持续健康发展，保证水资源可持续利用，中水回用势在必行。首先，中水可作为农业灌溉用水。经处理后的污水可排入"污水库"或实行"冬贮夏放"，在缺水季节进行农业灌溉。其次，中水可作为市政杂用水。经处理后的污水可用于市政绿化、景观用水、冲洗马路、冲洗公厕、洗车等。另外，中水还可作为工业用水。呼和浩特市的工业主要有发电厂、炼油厂、化肥厂等，其用水量占全市用水量的60%—70%，经处理后的污水完全可以用于它们，尤其适合作为冷却用水。总之，中水的利用既达到了污水处理的目的，又提供了水资源，缓解了水危机，在保护生态环境的同时带来可观的经济效益。

3. 引黄入呼。黄河在呼和浩特市过境，多年平均径流量为248.2亿立方米，保证率 $P=50\%$ 时年径流量243.2亿立方米，保证率 $P=75\%$ 时年径流量203.5亿立方米，规划批准引水量为2.2亿立方米。黄河是呼和浩特市今后发展所必需的唯一可靠水源。呼和浩特市农业不仅需要引黄灌溉，且引黄入呼工程的建成，可以增加地表供水，缓解地下水超采的严峻形势，为呼和浩特市工业用水和城市生活用水奠定了良好的基础，对呼和浩特市今后发展极为重要。随着工业、生活用水量的不断加大，引黄水量也将逐步增加。

六、加快产业结构调整，合理配置水资源

水是基础性的自然资源和战略性的经济资源，根据水资源的承载能力和水环境承载能力，调整产业结构及种植结构，应禁止高耗水项目上马，并执行建设项目"三同时"制度，以保障水资源的可持续发展。作物种植结构是影响水资源供需平衡的重要因素，要改变传统种植习惯，多种旱作物，降低水田率。大田蔬菜应向特色大棚蔬菜转移，粮食生产也应向多元化的方向发展，即发展名优品种及抗旱灌溉杂粮面积，以降低灌溉定额。加快农业节水的发展，推广地膜覆盖保墒措施，秸秆还田，以减少水分无效蒸发，增加土壤持水能力，促进根系发育，坚持宜粮则粮，宜林则林，宜果则果，宜菜则菜，调整农业种植比例，优化农业种植结构。农业灌溉实行按量收费，采取渠道防渗技术、灌溉方式优化等方式减少农业用水。建立多元化、多渠道、多层次的投资体系，确保水利工程建设的资金足额到位。对现有灌溉输水沟渠进行清淤治理改造，提高田间工程配套标准，作好沟渠的防渗衬砌，大力推广节水灌溉技术。

七、增加资金投入,实施科教兴水战略

搞好已建在建的基本建设工程,进行可开发项目的可行性研究,增加前期工作成果储备,为扩大水利建设做好准备。实践证明,水利事业的发展必须走依靠科技进步振兴水利的路子,要真正把科技兴水作为一项长期的战略措施,坚持不懈地抓下去。结合水利的实际,要继续进行高扬程电灌节水、节能、高效节水灌溉、雨水利用等专题的科学实验与研究工作,积极有效地推广新材料、新工艺、新技术,使水利科技有一个新的发展。当前水利建设投入的资金严重不足,除国家增加投入外,应多渠道筹措资金,争取国家、地方、集体和个人多渠道投入,形成"水利为社会、社会办水利"的机制,实行"谁投资,谁受益"的原则,充分发挥中央、省、地方各级投资水利工程建设的积极性。此外,要积极推广先进适用的水利科研成果,加强水文规划、科研、勘探、设计等基础工作和水利工程的前期工作,在统一规划的指导下,按照流域水资源的合理分配原则,确定跨流域引水工程的建设,解决水资源短缺的问题,促进国民经济的快速发展。

八、加强法治建设,依法推进流域管理与水行政区域管理相结合

目前,国家已颁布了《水法》、《防洪法》、《水土保持法》、《水污染防治法》等法律法规,对加强河湖的开发治理具有重要作用。但是,由于受行政条块分割管理体制的影响,各部门各自为政、互不协调,出现了地表水与地下水、城市供水与农村供水、水量与水质管理上的分割现象,造成水资源利用效率的降低,加剧了水资源供需矛盾。同时,水资源统一管理体制不健全,流域管理机构的地位和作用不突出。目前,流域机构侧重于规划、防汛调度、水利水电开发、水土保持和水资源调配等工作,缺乏应有的统一性和权威性。另外,流域管理机构与区域水行政管理部门和各用水行业、各用水户之间缺乏协商沟通的渠道,导致边界水事纠纷调处困难。应加快对水资源保护配套法律细则的制定,强化执法力度,开展多种形式的执法监督,对违法的责任者和当事人应及时追查其责任,造成严重后果影响恶劣的应移交司法部门追究刑事责任。逐步完善各级管理组织,加强地方性水法规建设,加大执法力度,规范执法行为,健全与水资源有关的各种规章制度。

九、从长远和全局利益出发,加强水资源规划和管理

流域水资源规划,是依据流域内自然条件、资源状况及社会经济各方面因素,按照自然、技术、生态环境和经济规律的客观要求,制定以水资源开发利用和以流域开发整治为中心的流域发展的总体规划。在地域上,要协调好上下游、左右岸的关系;在空间上,要协调好地下水、地表水、生产与生活用水、环境用水、各产业用水等关系;在时间上,要考虑短期用水与长远用水的关系。过去,多以专项规划为主,受体制、部门利益及部门局限性的限制,缺少对地表水和地下水、水质和水量、防洪与供水、改善生态等多目标的综合考虑,缺乏综合性、科学性和战略性的综合规划。同时,国民经济各部门制订经济发展规划时有的没有或很少考虑水资源的承载能力,导致有些地区经济结构和布局不合理,建设大量高耗水工业;有的对生态环境的保护和水污染防治问题重视不够,未将生态环境保护和水污染防治纳入规划,大量排放污水和超采地下水,造成水污染严重和生态环境恶化。要做好流域水系资源的进一步调查、评价、供需预测和综合平衡,制定水资源调度分配的具体措施。各地、县对本地主要河流按水系和经济发展要求,提出实施规划和开发利用顺序。要在已完成各流域水利规划的基础上,进一步补充、修改,使其更加完善,更加符合实际。健全管理体制,加强水资源管理,对全市地表水、地下水实行"五统一"管理:统一规划、统一调度、统一发放取水许可证、统一征收水资源费、统一管理水量水质。一是制定地方性法规,规范用水行为,促进节约用水。二是从有利于水资源优化配置及可持续利用的角度出发,彻底理顺水资源管理体制。三是严格贯彻执行《取水许可证制度实施办法》,对城乡用水统一实施取水许可管理,杜绝无证取水。四是严格执行机井审批制度,确保机井布局合理。统一审核、统一验收,保证机井质量,最大限度地合理利用水资源,严格控制地下水资源的开采。有效保护、优化配置、合理开发、高效利用、综合治理和科学管理,促进人口、资源、环境和经济的协调发展,使节水工作逐步走向法制化、科学化和规范化的道路。

水资源优化配置是一个全局性问题,对于缺水地区,必然应该统筹规划调度水资源,保障区域发展的水量需求及水资源的合理利用。对于水资源丰

富的地区，必须努力提高水资源的利用效率。目前的情况却不尽然，对于水资源严重短缺的地区，水资源的优化配置未受到高度重视，水资源优化配置取得的成果也多集中在水资源短缺的一些地区，对水资源充足的地区，研究成果则相对较少。但是在水量充沛的地区，往往存在因水资源的不合理利用而造成的水环境污染破坏和水资源的严重浪费，必须予以高度重视。例如，处于黄河边上的托克托县，其水量充沛，但由于不合理的开发利用使水环境遭受破坏，出现了有水不能用的尴尬局面，不但不利于呼和浩特市的经济持续发展，也必然影响整个区域水资源的优化配置。

管理是发展资源水利的重要基础和手段，水资源的科学开发、利用、配置、节约和保护的每个环节都要靠管理做保障。一般而言，优化配置的结果对某一个体的效益或利益并不是最高最好的，但对整个资源分配体系来说，其总体效益是最高最好的，即存在局部最优和全局最优的问题，要实现水资源的优化配置，就必须实行水资源统一管理，以全局为重，树立整体观念。各地区应建立水务一体化管理的水务局，以适应市场经济发展的需要，从水资源分散的多头管理转变到集中的统一管理，为水资源优化提供体制上的保障。但是过去一度受短期利益和管理体制的影响，长期以来形成了"多龙管水"格局。多年来，水的管理机构不统一，有水利部门管的，有城建部门管的，有市政工程部门管的等等。多头治水，形不成拳头。分散型管理本身就有不少弊端，不利于水资源的合理开发、利用和治理。应建立天上水、地面水和地下水统一管理、统一规划、统一调配的"三统一"管理机构，以便提高工作效率，降低用水成本。采用科学的运行管理模式、先进的用水管理方法和监测手段，确保工程始终处于良好的运行状态，延缓工程衰老，避免工程发生事故。目前水资源管理十分混乱，造成水资源浪费和水污染加剧。今后依据流域内自然条件、资源状况及社会经济各方面因素，按照自然、技术、生态环境和经济规律的客观要求，制订以水资源开发利用和以流域开发整治为中心的流域发展的总体规划和布局。在地域上，要协调好上下游、左右岸的关系；在空间上，要协调好地下水、地表水、生产与生活、环境用水、各产业之间用水等关系；在时间上，要考虑短期与长远的关系。过去，多以专项规划为主，受体制、部门利益及部门之间专业局限性的限制，缺少对地表水和地下水、水质和水量、防洪与供水、改善生态等多目标的综合考虑，缺乏综合性、科学性和战略性的综合规划。同时，国民经济各部门制定经济发展规划时有的没有或很少考虑水资源的承载能力，导致有些地区经济结构和布局不合理，建设大量高耗水工业；有的对生态环境的保护和水污染防治问题重视不够，未将生态环境保护和水污染防治纳入规划，大量排放污水和超采地下水，造成水污染严重和生态环境恶化。要做好流域水系资源的进一步调查、评价、供需预测和综合平衡，制定水资源调度分配的具体措施。各地、县对本地主要河流按水系和经济发展要求，提出实施规划和开发利用顺序。要在已完成各流域水利规划的基础上，进一步补充、修改，使其更加完善，更加符合实际。健全管理体制，加强水资源管理，对全市地表水、地下水实行"五统一"管理：统一规划、统一调度、统一发放取水许可证、统一征收水资源费及统一管理水量水质。水资源管理要抓好四个方面的工作，一是制定地方性法规，规范用水行为，促进节约用水。二是从有利于水资源优化配置及可持续利用的角度出发，彻底理顺水资源管理体制。三是严格贯彻执行《取水许可证制度实施办法》，对城乡用水统一实施取水许可管理，杜绝无证取水。四是严格执行机井审批制度，确保机井布局合理。统一审核、统一验收，保证机井质量，最大限度地合理利用水资源，严格控制地下水资源的开采。有效保护、优化配置、合理开发、高效利用、综合治理和科学管理，促进人口、资源、环境和经济的协调发展，使节水工作逐步走向法制化、科学化和规范化的道路。只有通过加快体制改革，避免条块分割和多头管理，实现供水、排水、治污和回用一体化管理，同时要加快管理手段的改进和变革，运用行政、法律、经济和科学技术等综合措施加强对水资源的管理，实现水资源供、用、耗、排以及水质污染和地下水的实时监测，水量和水质的及时预报，才能使水资源管理实现统一规划、联合调度、优化配置和高效利用，才能使水资源管理向信息采集自动化、运行监控智能化、调度管理实时化迈进，最终使当地有限水资源得以更新和恢复，永续利用。

十、完善和创新水资源配置的理论

前人的理论，有的不科学合理，有的不成熟完善。可持续发展理论体现了资源、经济、社会、生态环境的和谐发展，但目前多是理论研究和概念模型的设计，不便于实际操作。基于宏观经济投入产出分析的水资源优化配置，分析思路与目前国家统计口径相一致，相关资料便于获取，具有可操作实用性，但传统的投入产出分析中未能反映生态环境的保护，不符合可持续发展的观念。因此，将宏观经济核算体系与可持续发展理论相结合，对现行的国民经济产业以环保产业和非环保产业分类进入宏观经济核算，将资源价值和环境保护融入区域宏观经济核算体系中，建立可持续发展的国民经济核算体系势在必行，以形成水资源优化配置新理论。这一理论体系目前实施虽然难度很大，但是只有这样才能彻底改变传统的不注重生态环境保护的国民经济核算体系，使环保作为一种产业进入区域国民经济核算体系，以实现真正意义上的水资源可持续利用。

十一、其他措施

作为解决水资源时空分布不均的有效措施便是跨流域调水工程的实施，这也是实现水资源优化配置的重要手段，特别对于水资源南多北少的我国尤为重要。跨流域调水必须综合研究调入区、输水沿线和调出区的经济发展和生态环境的保护，加强对水资源调出区经济、社会、资源和环境等方面的研究。市场经济条件下的水资源优化配置必须借助市场经济杠杆才可能实现，水市场的建立和不断完善必然有利于水资源的优化配置。由于水资源优化配置的核心之一就是提高水资源利用效率，因此在水资源优化配置中必须贯彻节水高效的思想，促进节水型社会的形成和发展，还有诸如污水资源化、水权交易等问题，这些都是水资源优化配置中必须认真对待和深入分析的问题。

总之，水资源保障供应是实现经济社会可持续发展的必要前提，只有加强法制建设，强化水政管理，采取积极有效措施保证水资源供应，才能促进经济、社会健康、和谐、可持续发展。

节水防污附图

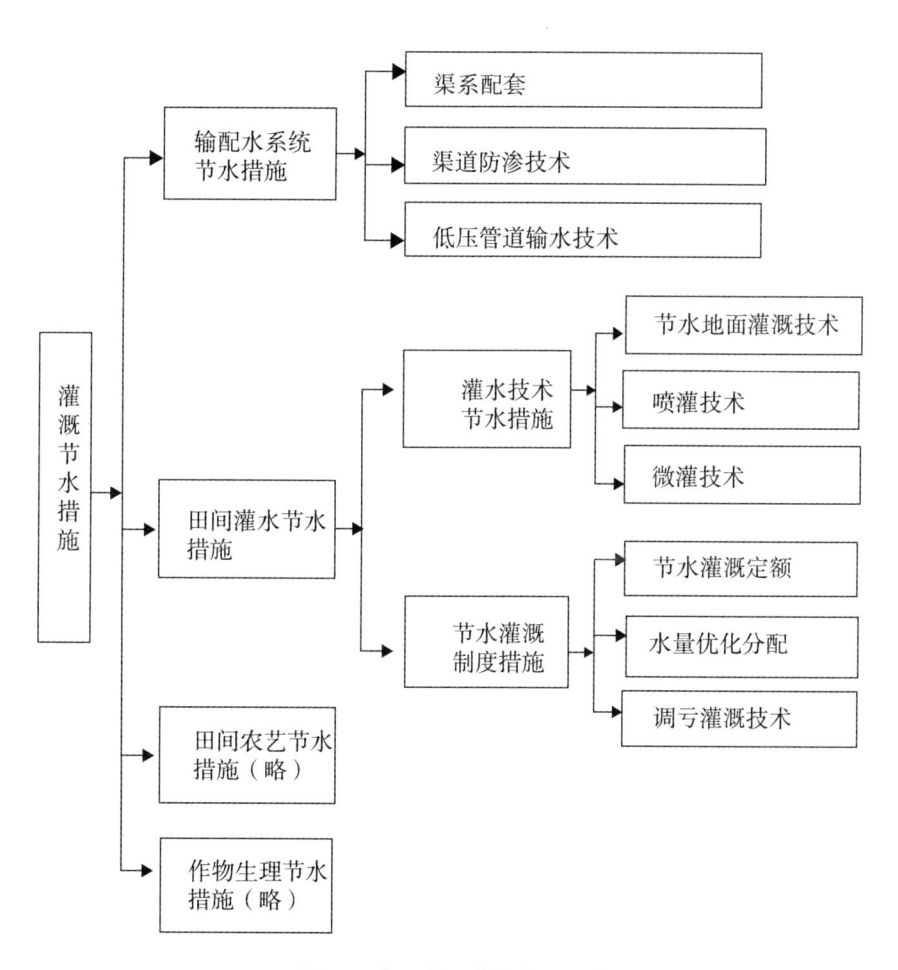

```
灌溉节水措施
├── 输配水系统节水措施
│   ├── 渠系配套
│   ├── 渠道防渗技术
│   └── 低压管道输水技术
├── 田间灌水节水措施
│   ├── 灌水技术节水措施
│   │   ├── 节水地面灌溉技术
│   │   ├── 喷灌技术
│   │   └── 微灌技术
│   └── 节水灌溉制度措施
│       ├── 节水灌溉定额
│       ├── 水量优化分配
│       └── 调亏灌溉技术
├── 田间农艺节水措施（略）
└── 作物生理节水措施（略）
```

附图 1　农业灌溉节水措施示意

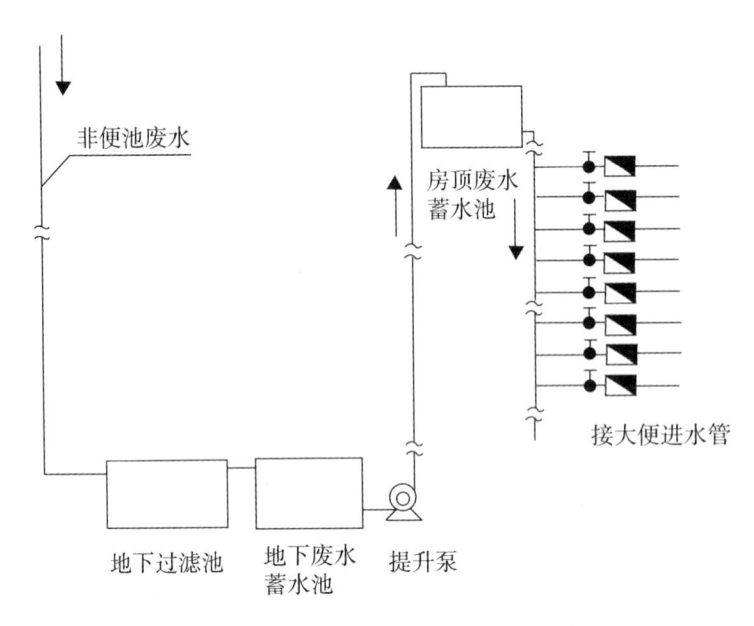

附图 2　房屋建筑节水系统整体方案示意图

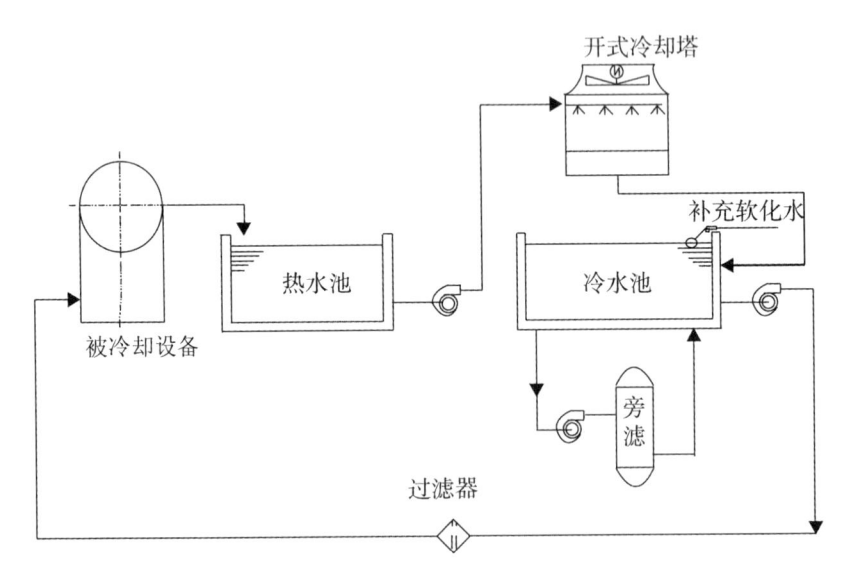

附图 3　闭式冷却塔节水方案示意图

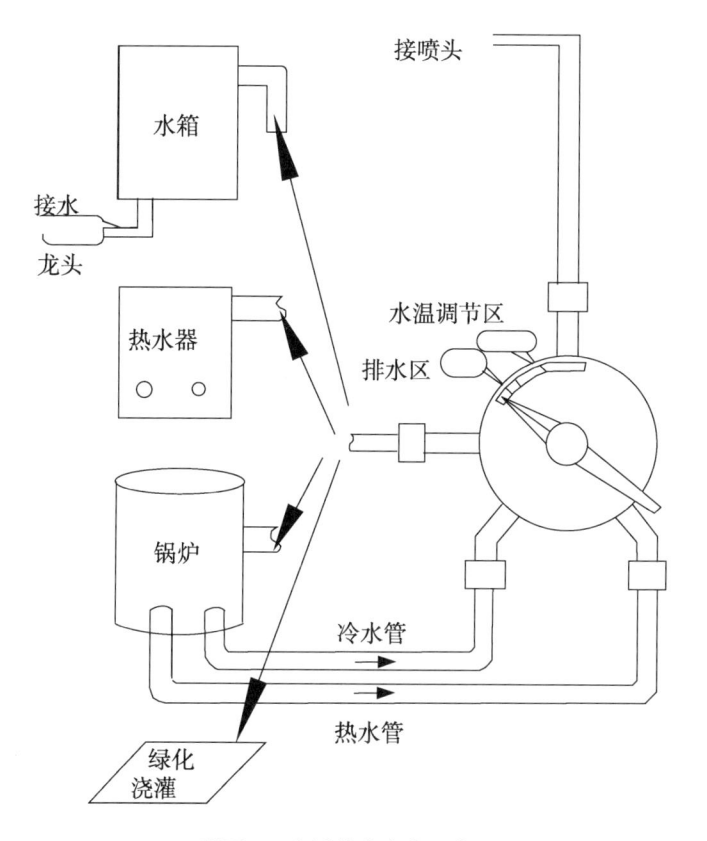

附图4 生活节水方案示意图

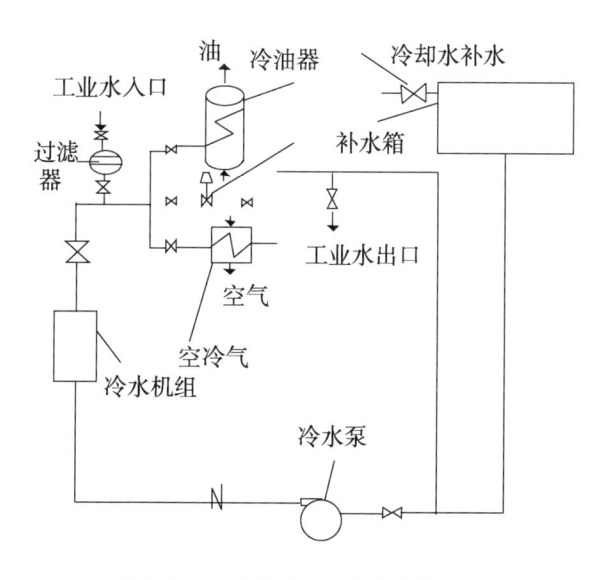

附图5 工业冷却水系统节水流程图

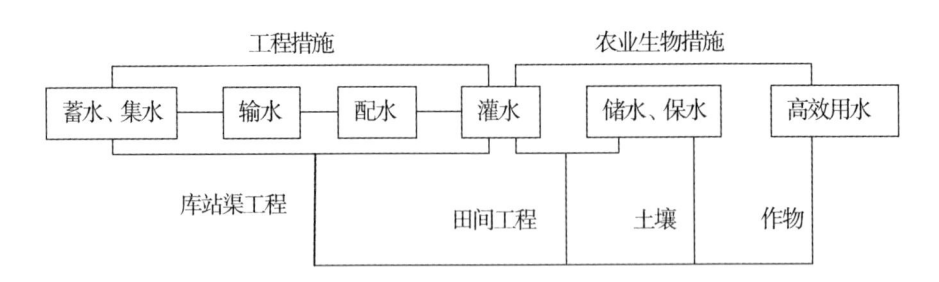

附图6　农业高效用水研究示意图

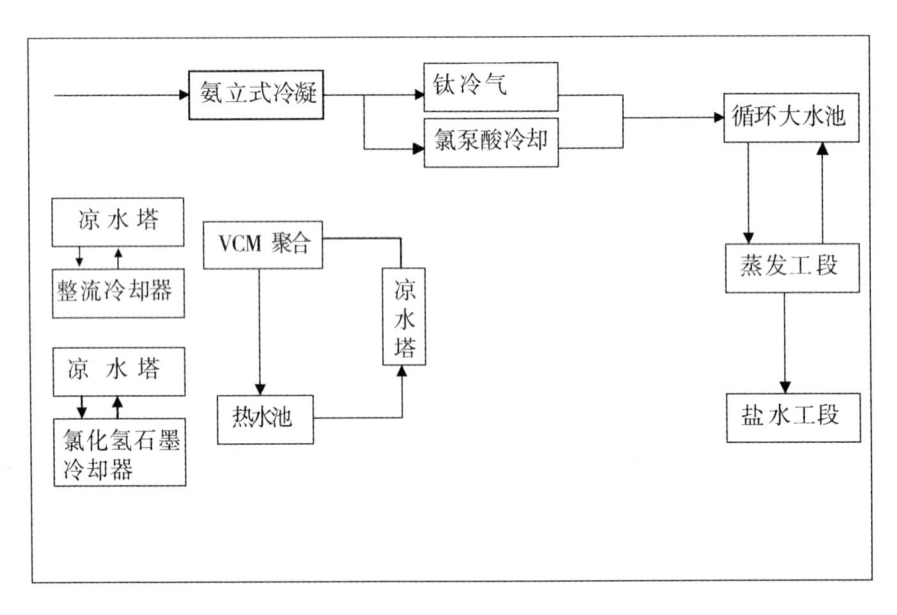

附图7　一般用水工艺流程图

节水防污附图

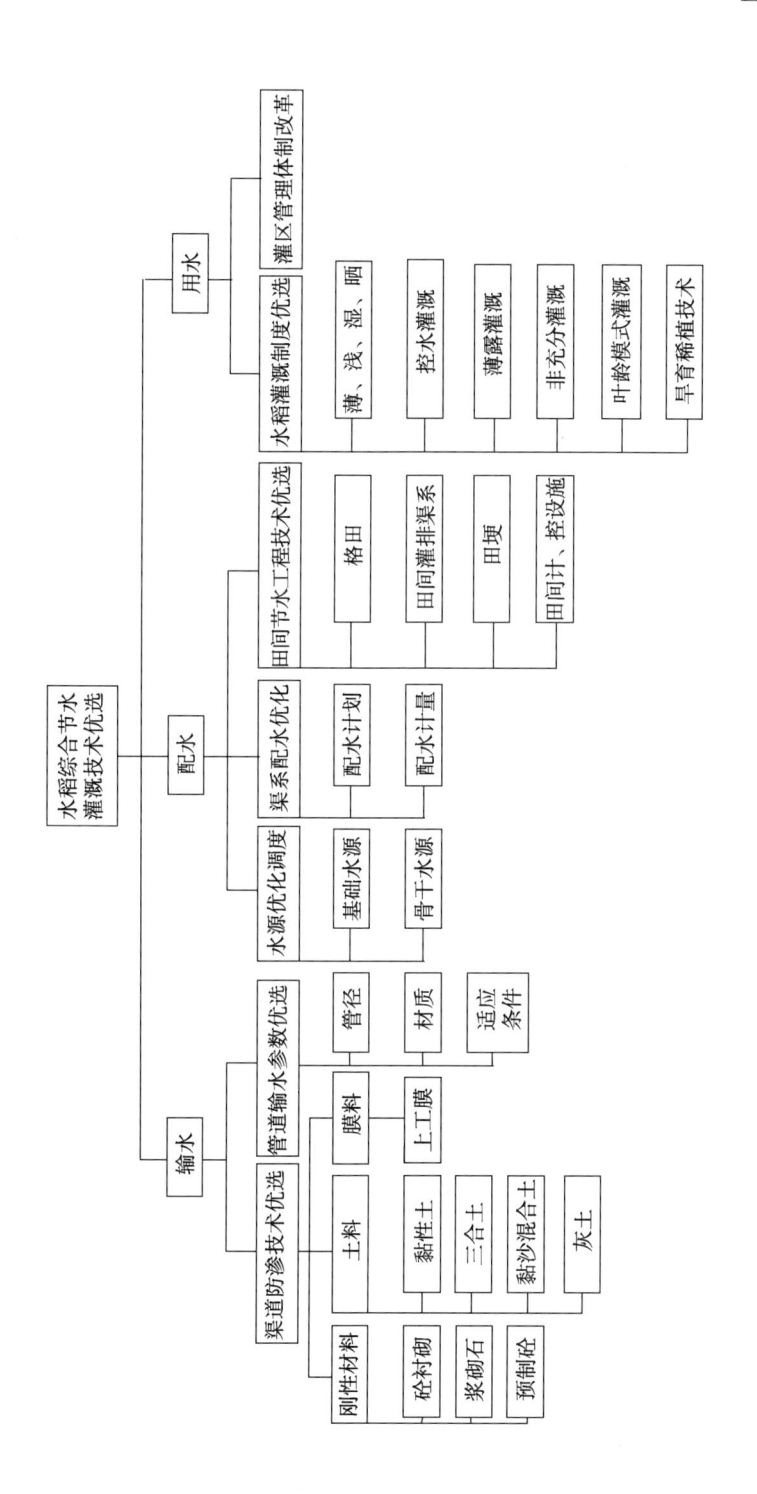

附图8 水稻综合节水灌溉技术优选模型框图

173

附图9 节水灌溉技术体系框图

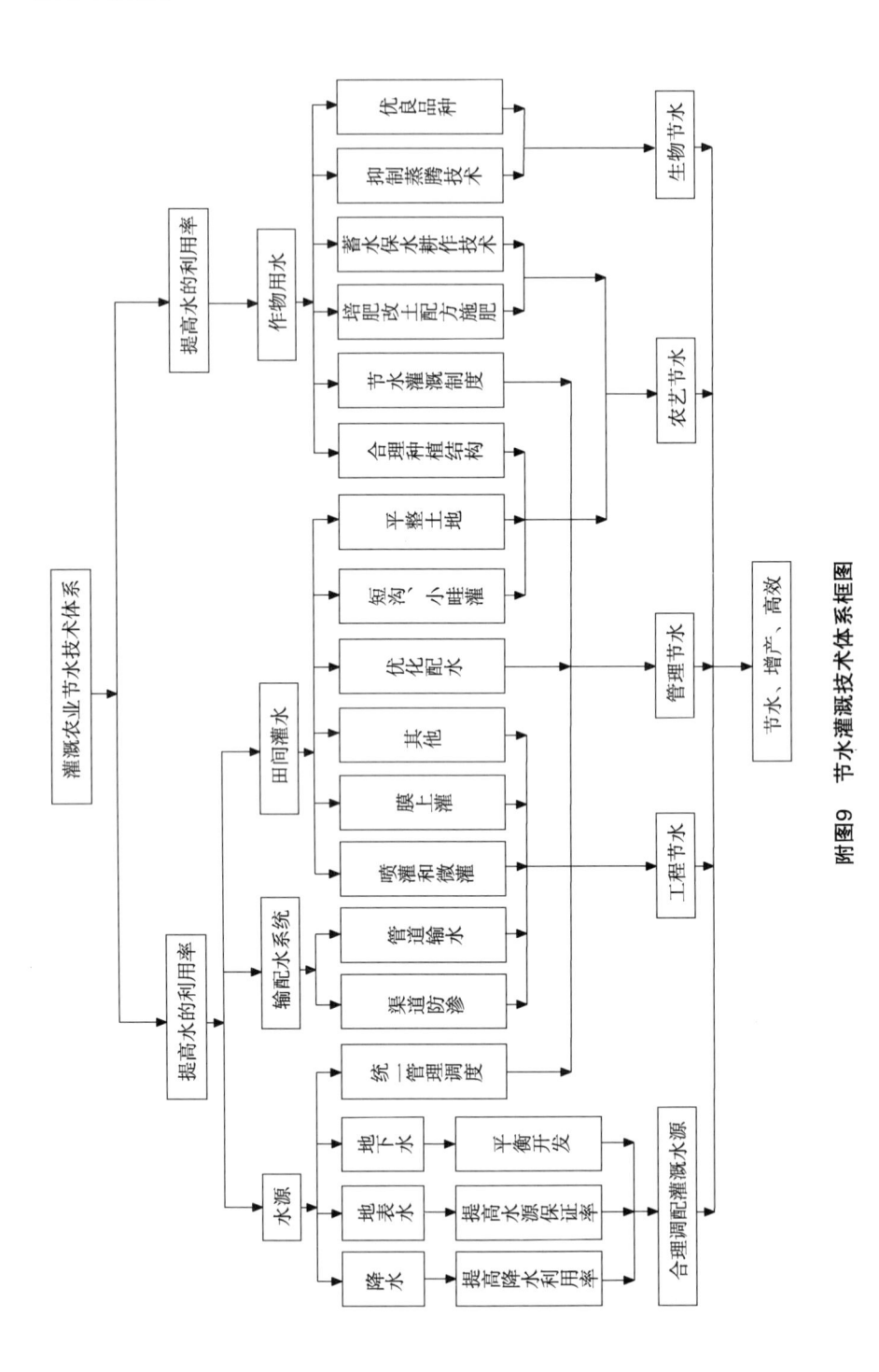

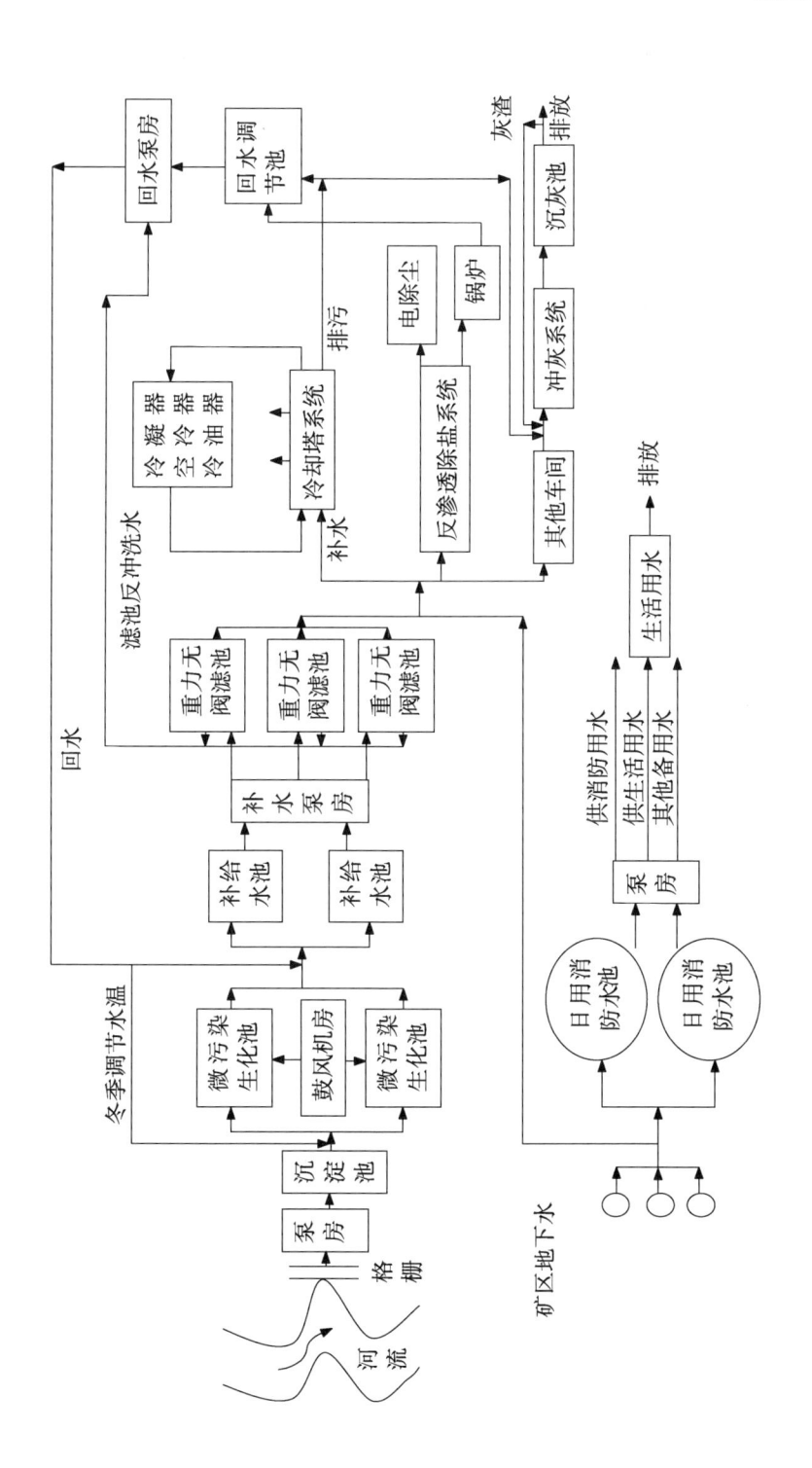

附图10 工业节水技改工程工艺流程

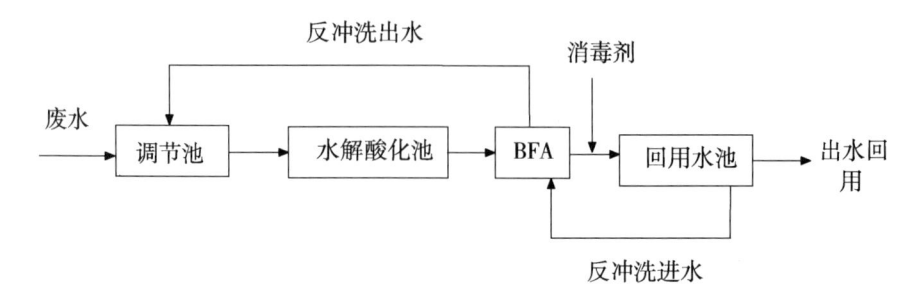

附图 10　废水处理工艺流程图

附图 11　人工湿地工艺流程

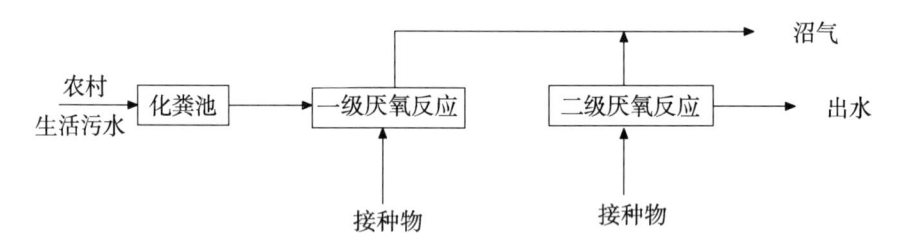

附图 12　无动力地埋式生活污水处理装置工艺流程

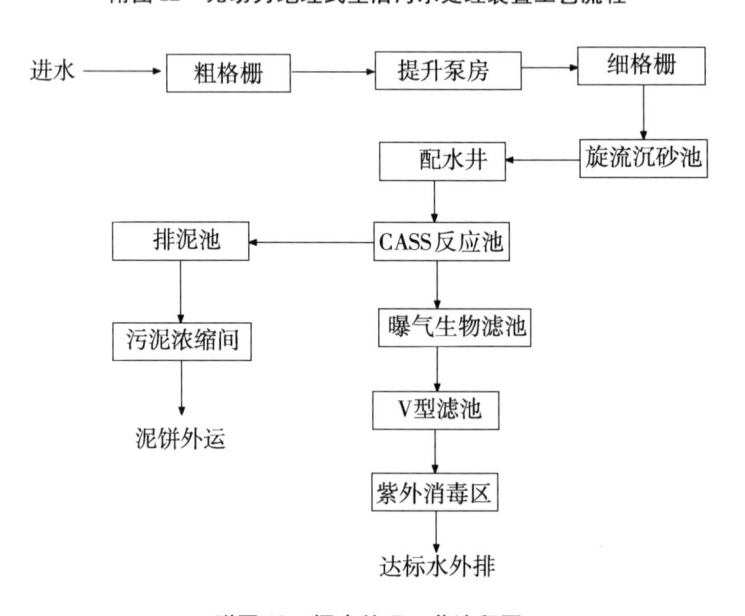

附图 13　污水处理工艺流程图

附图14　废水处理工艺流程

附图15　医院污水处理工艺流程图

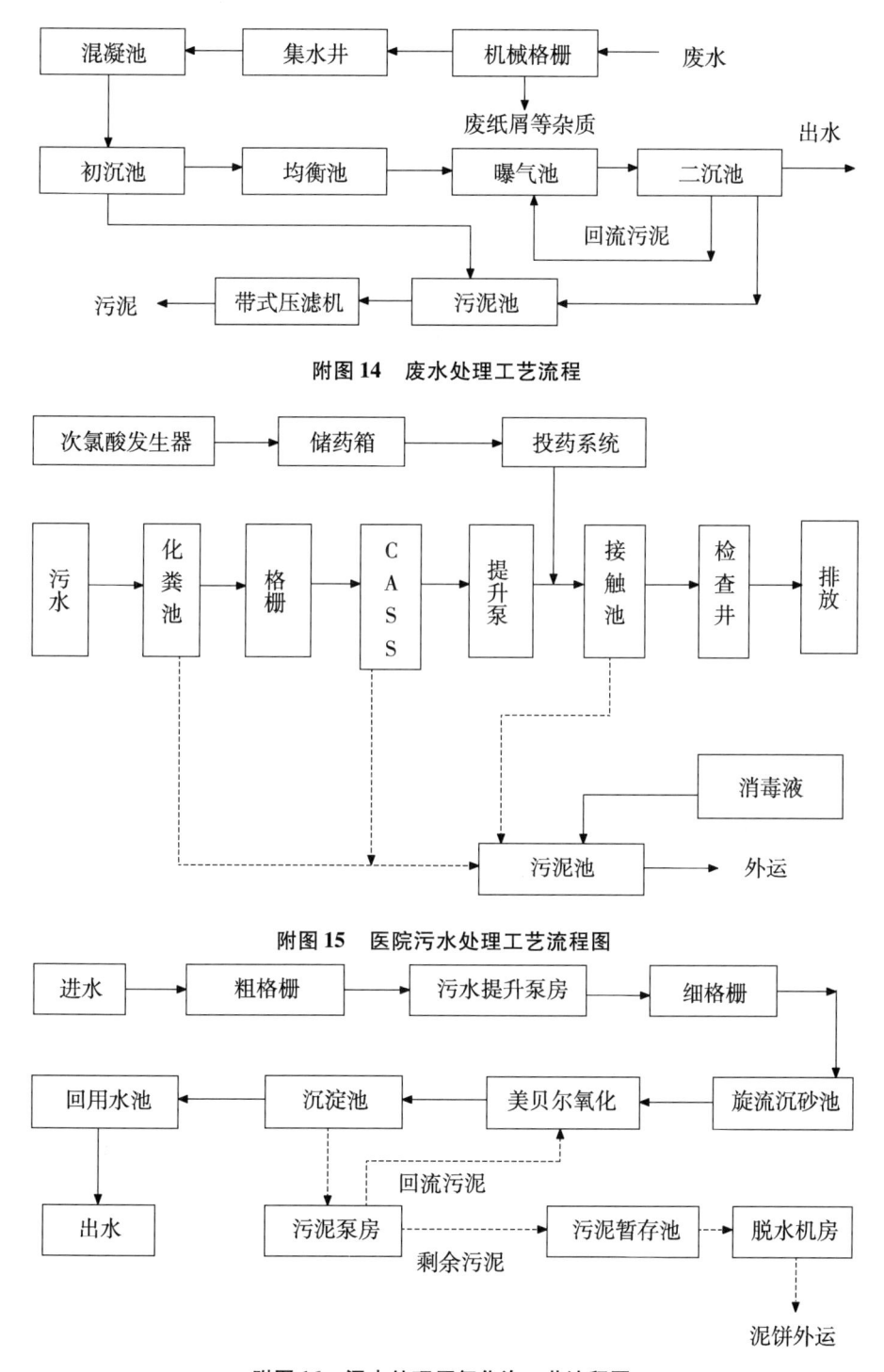

附图16　污水处理厂氧化沟工艺流程图

177

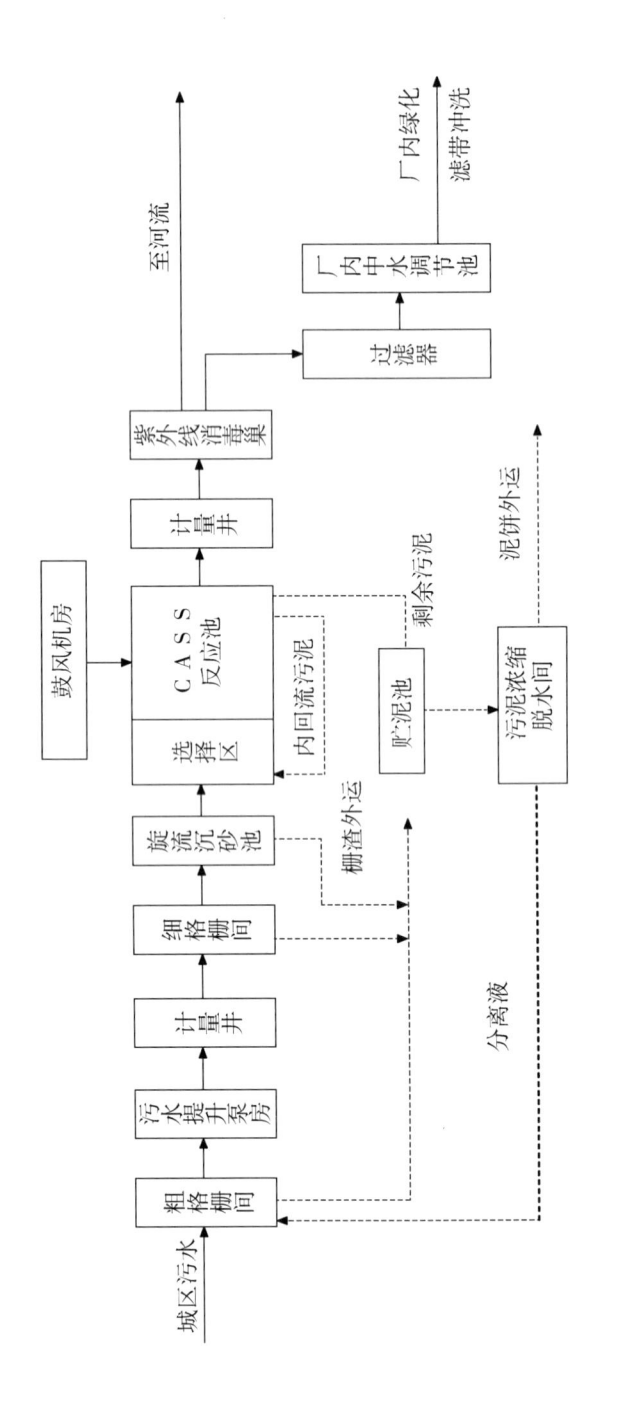

附图17 城市污水工艺流程图

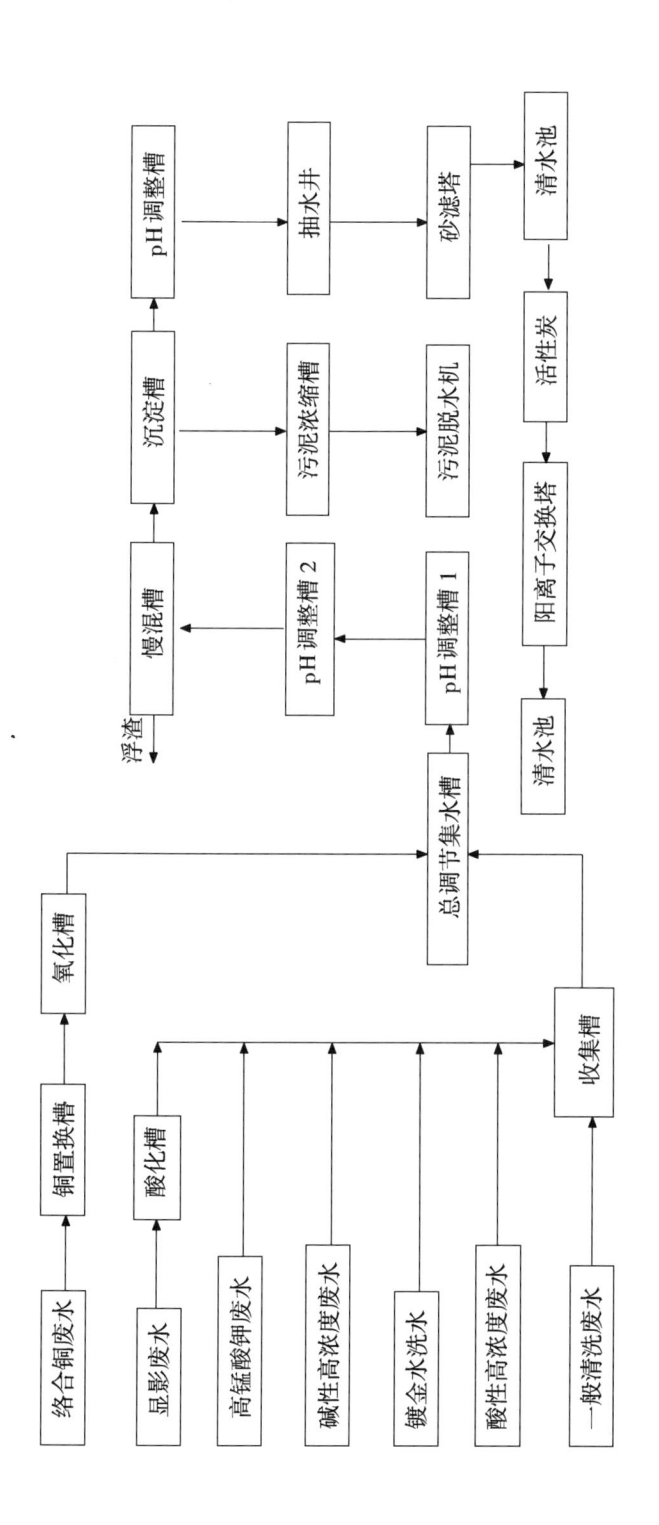

附图18 电镀废水处理工艺流程图

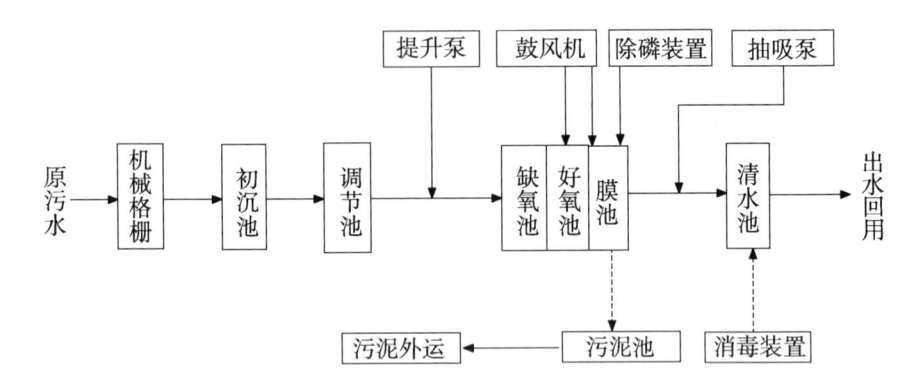

附图 19　生活污水水利回用工程—mbr 技术

附图 20　滴灌图

附图 21　滴灌图

附图 22　滴灌图

附图 23　喷灌图

节水防污附图

附图 24　喷灌图

附图 25　污水处理图

附图 26　污水处理图

附图 27　污水处理图

参考文献

刊物

[1] 郭元裕、白宪台：《湖北四胡地区除涝排水系统规划的大系统永华模型和求解方法》，载《水力学报》，1984年第11期。

[2] 张玉新、冯尚友等：《多维决策的多目标动态规划及其应用》，载《水力学报》，1986年第7期。

[3] 茹屡绥等：《灌区扩建规划的大系统优化模型》，载《水力学报》，1988年第2期。

[4] 贺北方：《区域可供水资源优化分配的大系统优化模型》，载《武汉水利电力学院学报》，1988年第5期。

[5] 贺北方：《区域可供水资源优化分配与产业结构调整》，载《郑州工学院学报》，1989年第1期。

[6] 吴泽宁、蒋水心、贺北方等：《经济区水资源优化分配的大系统多目标分解协调模型》，载《水能技术经济》，1989年第1期。

[7] 陈守煜：《多目标系统模糊关系优选决策理论与实践》，载《水利学报》，1994年第8期。

[8] 翁文斌、蔡喜明、史惠斌等：《宏观经济区域水资源多目标决策分析方法与应用》，载《水利学报》，1995年第2期。

[9] 蔡喜明、翁文斌、史惠斌：《基于宏观经济的区域水资源多目标集成系统》，载《水科学进展》，1995年第6卷第6期。

[10] 内蒙古呼和浩特市水利局：《呼和浩特市水资源开发利用现状分析报告》，1997年。

[11] 温志宏：《呼和浩特市水资源开发利用现状分析报告》，内蒙古呼和浩特市水利局，1997年。

[12] 卢华友：《义乌市水资源系统分解协调决策模型研究》，载《水力学报》，1997年第6期。

[13] 赵明：《内蒙古自治区人口问题探析》，载《内蒙古师大学报（哲社版）》，1998年第5卷。

[14] 洪阳、栾胜基：《中国二十一世纪的水安全问题》，载《中国环境管理》，1998年第4期。

[15] 任鸿遵、于静杰等：《华北平原农业水资源供需状况评价方法》，载《地理研究》，1999年第1期。

[16] 王春辉、王冉昕：《呼和浩特市地下水资源面临的问题与对策》，载《地理研究》，1999年第1期。

[17] 刘旺：《水资源可持续利用评价方法研究》，载《四川师范大学学报（自然科学版）》，1999年第4期。

[18] 洪阳：《中国21世纪的水安全》，载《环境保护》，1999年第10期。

[19] 郑敏：《福建省水资源开发利用现状与管理对策》，载《资源开发》，1999年第15期。

[20] 赵明：《内蒙古水资源开发利用现状及存在的问题》，载《干旱区资源与环境》，1999第13卷（增）。

[21] 王劲峰、陈红焱等：《区域发展和水资源利用透明交互决策系统》，载《地理科学进展》，2000年第1期。

[22] 黄胜利、胡金明：《我国人口与生态压力分析》，载《中国人口·资源与环境》，2000年第1期。

[23] 金凤君：《华北平原城市用水问题研究》，载《地理科学进展》，2000年第19卷第1期。

[24] 吴险峰、王丽萍：《枣庄城市复杂多水源供水优化配置模型》，载《武汉水利电力大学学报》，2000年第33卷第1期。

[25] 呼和浩特市水务局：《呼和浩特市水资源开发利用规划》，内蒙古水利科学研究院，2000年。

[26] 冉茂玉：《论城市化的水文效应》，载《四川师范大学学报》，2000年第23卷第4期。

[27] 赵明：《内蒙古旗县市水资源分类研究》，载《地理学与国土研究》，2000年第16卷第4期。

[28] 马建华：《甘肃水资源与开发利用现状及解决问题的对策》，载《黄河水利职业技术学院学报》，2000年第9期。

[29] 熊正为：《水资源污染与水安全问题探讨》，载《地质勘探安全》，2001年第1期。

[30] 方子云：《提供水安全是21世纪现代水利的主要目标——兼介斯德哥尔摩千年国际水会议及海牙部长级会议宣言》，载《水利水电科技进展》，2001年第21卷第1期。

[31] 陈海秋：《水是西部发展的生命线——西部水资源配置的若干政策建议》，载《中国地质矿产经济》，2001年第3期。

[32] 张虎、徐欣：《广州市水资源开发利用现状问题及对策》，载《热带地理》，2001年第3期。

[33] 王莉波、达赖：《呼和浩特市水资源优化配置及生态环境建设与可持续发展》，引自《干旱区地区水资源优化配置及生态环境建设与可持续发展》，内蒙古大学出版社，2002年。

[34] 内蒙古自治区国土资源厅：《全国地下水资源评价项目—内蒙古自治区地下水资源评价报告》，2002年。

[35] 呼和浩特市水务局：《呼和浩特市水资源可持续利用规划专题报告汇编》，水利部牧区水利科学研究所，西北市政工程设计院，2002年。

[36] 甘鸿：《水资源合理配置理论与实践研究》，中国水利水电科学研究院，2002年。

[37] 刘昌明：《二十一世纪中国水资源若干问题的讨论》，载《水利水电技术》，2002年第1期。

[38] 姚凤山：《呼和浩特市水资源的科学利用和保护》，载《内蒙古科技与经济》，2002第1期。

[39] 方红松、刘云旭：《关于中国的水安全问题及其对策探讨》，载《中国安全科学学报》，2002年第12卷第1期。

[40] 孟旭光：《我国国土资源安全面临的挑战与对策》，载《中国人口·资源与环境》，2002年第12卷第1期。

[41] 张雪花、郭怀成：《SD—MOP 整合模型在秦皇岛市生态环境规划中的应用研究》，载《环境科学学报》，2002 年第 22 卷第 1 期。

[42] 夏军、谈戈：《全球变化与水文科学新的进展与挑战》，载《资源科学》，2002 年第 24 卷第 2 期。

[43] 许俊杰：《城市总体环境质量的二级模糊综合评价》，载《统计研究》，2002 年第 3 期。

[44] 陈志恺：《21 世纪中国水资源持续开发利用问题》，载《中国工程科学》，2002 年第 2 卷第 3 期。

[45] 谷树忠等：《资源安全及其基本属性与研究框架》，载《自然资源学报》，2002 年第 17 卷第 3 期。

[46] 夏军、朱一中：《水资源安全的度量：水资源承载力的研究与挑战》，载《自然资源学报》，2002 年第 17 卷第 3 期。

[47] 闵庆文、成升魁：《全球化背景下的中国水资源安全与对策》，载《资源科学》，2002 年第 4 期。

[48] 李雪萍：《国内外水资源配置研究概述》，载《海河水利》，2002 年第 5 期。

[49] 欧阳志云、王如松等：《中国水安全系统模拟及对策比较研究》，载《水科学进展》，2002 年第 13 卷第 5 期。

[50] 樊广明、范春岩：《水务统管是呼和浩特市生态环境建设的基本保障》，载《内蒙古科技与经济》，2002 年第 12 期。

[51] 赵明、舒春敏：《我国城市供水状况及节水对策》，载《干旱区资源与环境》，2003 年第 17 卷第 1 期。

[52] 冯耀龙、韩文秀等：《面向可持续发展的区域水资源优化配置研究》，载《系统工程理论与实践》，2003 年第 2 期。

[53] 吴季松：《海牙国际水资源会议与国际水资源政策动向》，载《世界环境》，2003 年第 3 期。

[54] 韩宇平、阮本清：《区域水安全评价指标体系初步研究》，载《环境科学学报》，2003 年第 3 期。

[55] 陈家琦：《水安全问题保障浅议》，载《自然资源学报》，2003 年第 17 卷第 3 期。

[56] 张士锋、贾绍凤：《海河流域水资源安全评价》，载《地球科学进展》，2003年第4期。

[57] 李希灿、程汝光、李克志：《空气环境质量模糊综合评价及趋势灰色预测》，载《系统工程理论与实践》，2003年第23卷第4期。

[58] 张士锋、贾绍凤：《海河流域水量平衡与水资源安全问题研究》，载《自然资源学报》，2003年第6期。

[59] 韩宇平、阮本清、解建仓：《多层次多目标模糊关系优选模型在水安全评价中的应用》，载《资源科学》，2003年第7期。

[60] 潘峰、付强、梁川：《基于层次分析法的模糊综合评价在水环境质量评价中的应用》，载《东北水利水电》，2003年第21卷第8期。

[61] 刘忠梅：《包头市水资源承载力分析及优化配置研究》，内蒙古师范大学硕士论文，2003年。

[62] 韩俊丽：《包头市城市水资源承载力对经济社会可持续发展影响研究》，内蒙古师范大学同等学力人员申请硕士学位论文，2003年。

[63] 孙兆刚：《模糊数学的产生及其哲学意蕴》，武汉理工大学，2003年。

[64] 张子涛、吕淑英：《浅析德州市水生态环境现状及保护对策》，载《山东水利》，2004年第10卷。

[65] 成建国、杨小柳等：《论水安全》，载《中国水利》，2004年第1期。

[66] 李新堂、宋军：《高唐县水资源开发利用现状及可持续利用对策》，载《水资源建设与管理》，2004年第2期。

[67] 尤祥瑜、谢新民、孙仕军、王浩：《我国水资源配置模型研究现状与展望》，载《中国水利水电科学研究院学报》，2004年第2期。

[68] 曹淑敏等：《海河流域水资源开发利用现状及其对策》，载《海河水利》，2004年第2期。

[69] 吴泽宁、索丽生：《水资源优化配置研究进展》，载《灌溉排水学报》，2004年第23卷第2期。

[70] 许群、李杰：《对我国水资源安全战略研究的思考》，载《中国矿业》，2004年第16卷第3期。

[71] 黄文彬：《中国水资源可持续利用的优化初析》，载《福建地

理》，2004年第19卷第4期。

［72］王靖兰：《水资源对社会、经济、环境的影响分析》，载《科技情报开发与经济》，2004年第5期。

［73］李进霞：《当前我国水资源的优化配置研究》，载《科技创业》，2004年第8期。

［74］高书银、黄启海：《冠县水资源开发利用现状及建议》，载《地下水》，2004年第9期。

［75］赵惠、武宝志：《东辽河流域水资源合理配置对农业用水的影响分析》，载《东北水利水电》，2004年第11期。

［76］赵波：《成都市水资源可持续利用的综合论证》，重庆大学硕士论文，2004年。

［77］呼和浩特市水务局：《水利综合统计年报（1995－2004）》。

［78］李文清：《水循环对水污染的影响及防治对策》，载《山西水利中国环境管理》，2005年。

［79］吴洁珍、王莉红、王卫军，何晓芳、林文努：《生态环境建设规划中引入生态环境需水的探讨》，载《水土保持研究》，2005第1期。

［80］张教平、杨延哲等：《水安全与河南经济可持续发展》，载《地域研究与开发》，2005年第1期。

［81］左其亭：《论水资源承载能力与水资源优化配置之间的关系》，载《水利学报》，2005年第36卷第11期。

［82］呼和浩特市"十一五"规划编制工作领导小组办公室：《呼和浩特市国民经济和社会发展"十一五"规划及到2020年远景目标基本思路讨论稿》，2005年。

［83］国家统计局：《内蒙古统计年鉴2005》，2005年。

［84］内蒙古自治区环保局：《2004年内蒙古自治区环境状况公报》，2005年。

［85］卢冰：《桂林市水资源优化配置研究》，武汉大学硕士学位论文，2005年。

［86］盛艳：《呼和浩特市旗县可持续发展能力综合评价及仿真研究》，内蒙古师范大学硕士学位论文，2005年。

[87] 陈顺礼：《基于系统模拟技术的克里雅河流域水资源供需平衡分析》，新疆大学硕士学位论文，2005年。

[88] 王锡萍：《考虑生态环境用水的武威市凉州区水资源供需平衡研究》，西安理工大学硕士学位论文，2005年。

[89] 刘秀屏：《区域水资源合理配置研究》，硕士学位论文，2005年。

[90] 杜守建：《区域水资源优化配置研究——以南水北调东线山东受水区为例》，博士学位论文。

[91] 李进霞：《当前我国水资源的优化配置研究》，博士学位论文。

[92] 尹发能：《基于模糊数学方法的洞庭湖水安全评价》，湖南师范大学硕士学位论文。

[93] 孙鹏：《阜新市水资源承载力研究》，辽宁工程技术大学学位论文，2005年。

[94] 彭先海：《辽宁省水资源承载力的可持续性研究》，东北大学学位论文，2005年。

[95] 姚荣：《基于可持续发展的区域水资源合理配置研究》，河海大学博士学位论文，2005年。

[96] 李小琴：《黑河流域水资源优化配置研究》，西安理工大学专业学位论文，2005年。

[97] 张雄：《呼和浩特市地下水资源现状及对策》，载《内蒙古水利》，2006第4期（总第108期）。

[98] 马太玲、朝伦巴根等：《水环境质量综合评价方法比较研究》，载《干旱区资源与环境》，2006年第20卷第4期。

[99] 刘卓、刘昌明：《东北地区水资源利用与生态和环境问题分析》，载《自然资源学报》，2006年第21卷第5期。

[100] 哈斯巴根：《呼和浩特市土地资源人口承载力研究》，内蒙古师范大学硕士学位论文，2006年。

[101] 李瑞英：《呼和浩特市水安全与经济社会可持续发展研究》，内蒙古师范大学硕士学位论文，2006年。

[102] 高林业：《水资源优化配置及实时优化调度研究》，合肥工业大学硕士学位论文集，2006年。

[103] 张力春:《吉林省西部水资源可持续利用的优化配置研究》,吉林大学硕士学位论文,2006年。

[104] 翟晓丽:《多目标分析法在小区域地下承载能力评估中的应用》,西南交通大学研究生学位论文,2006年。

[105] 石宏奎、韩冬青等:《1986~2003年呼和浩特市河流水质演化分析》,载《内蒙古环境科学》,2007年第2期。

[106] 庄宇、昌琳:《西安地区水环境质量的模糊综合评价》,载《干旱区资源与环境》,2007年第21期。

著作

[1] BURASN. Scientific allocation of water resources: water resources development and utilization – a rational approach [M]. New York: American Elsevier Publishing Company, 1972: 1~5.

[2] HAIMES Y Y. Hierarchical analysis of water resources systems: modeling and optimization of large scales systems [M]. New York: McGraw Hill, 1977: 1~10.

[3] 陈守煜:《模糊水文学与水资源系统模糊优化原理》,大连:大连理工大学出版社,1990年。

[4] 陈守煜:《系统模糊决策理论与应用》,大连:大连理工大学出版社,1994年。

[5] 刘昌明、何希吾:《中国二十一世纪水问题方略》,北京:科学出版社,1998年。

[6] 王其藩:《系统动力学》,北京:清华大学出版社,1998年。

[7] 吴季松:《水资源及其管理的研究与应用——以水资源的可持续利用保障可持续发展》,北京:中国水利水电出版社,2000年。

[8] 呼和浩特市水务局:《呼和浩特市水资源开发利用规划》,内蒙古水利科学研究院,2000年。

[9] 王建:《现代自然地理学》,北京:高等教育出版社,2001年。

[10] 刘昌明、陈志恺:《中国水资源现状评价和供需发展趋势分析》,北京:水利电力出版社,2001年。

[11] 钱正英、张光斗：《中国可持续发展水资源战略研究（综合报告及各专题报告）》，北京：中国水利水电出版社，2001年。

[12] 陈家琦、王浩等：《水资源学》，北京：科学出版社，2002年。

[13] 张杰、丛广治等：《我国水循环恢复工程方略》，中国工程科学，2002年。

[14] 徐建华：《现代地理学中的数学方法》，北京：高等教育出版社，2002年。

[15] 彭祖赠、孙韫玉：《模糊（Fuzzy）数学及其应用》，武汉：武汉大学出版社，2004年。

[16] 阮本清、魏传江：《首都圈水资源安全保障体系建设》，北京：科学出版社，2004年。

[17] 刘昌明：《水文水资源研究理论与实践》，北京：科学出版社，2004年。

[18] 钱正英、沈国舫、潘家铮：《西北地区水资源配置生态环境建设和可持续发展战略研究》（综合卷），中国工程院重大咨询项目，北京：科学出版社，2004年。

[19] 夏军、黄国和、庞进武、左其亭：《可持续水资源管理—理论、方法、应用》，现代水资源环境保护理论与实践丛书，北京：化学工业出版社。

[20] 赵明：《呼和浩特市城市土地价格调查研究》，呼和浩特：内蒙古人民出版社，2004年。

[21] 《呼和浩特市经济统计年鉴2005》，北京：中国统计出版社：2005年。

[22] 国家环境保护总局、国家质量监督检验检疫局发布：《地下水环境质量标准（GB3838-1999）》。

[23] 左其亭等：《城市水资源承载能力，理论、方法、应用》，北京：化学工业出版社，环境科学与工程出版中心。

[24] 内蒙古自治区统计局：《2006年内蒙古统计年鉴》，北京：中国统计出版社，2006年。

[25] 宝音：《内蒙古城镇化与城镇体系发展研究》，呼和浩特：内蒙古人民出版社，2011年。

后 记

此书由本人主持的内蒙古自然科学基金重点项目《呼和浩特市水资源优化配置研究》研究成果改编而成。

在成果完成过程中,我与周瑞平、王永霞、李瑞英、胡学媛、盛燕等研究生花费三年时间,经课题框架确定、资料收集、数据整理与建模、征求专家意见等过程,最终完成终稿。此书是我与上述研究生共同智慧的结晶,也是我们师生情的见证物,它记载了多年来我们师生共同学习、研究走过的道路。希望我的学生执着于自己的事业,为自己的理想继续努力。

在成果完成过程中,我们得到内蒙古师范大学同事的大力支持和研究生的帮助,在此表示诚挚的感谢,对为了书稿的出版付出辛勤劳动的编辑老师和朋友以及所在的出版社表示诚挚的敬意和衷心的感谢。

人的一生,会有许多值得回忆的时刻,我们经历了许多,但能留在记忆里的不是太多,愿此书成为凝聚师生情谊的美好回忆。

编 者

2014 年 3 月